高等学校新工科智能制造工程专业系列教材

工业数据采集与监视控制系统项目教程

主　编　张晓萍　李东亚　杜贵府

副主编　邢青青　任　艳　潘世丽

　　　　张景扩　张　哲

主　审　窦金生

U0277852

西安电子科技大学出版社

内 容 简 介

本书是按照教育部"一体化设计、结构化课程、颗粒化资源"的教材建设理念，由从事实践教学的教师和企业一线工程师联合编写而成的。本书基于 iFIX 智能平台，采用项目式结构体系，侧重实践操作能力及综合设计能力的培养。

全书包括 15 个基础项目和 5 个综合项目，系统地介绍了 SCADA 系统应用相关的知识，通过项目让学生代入 SCADA 工程师岗位角色，体验到真实的 SCADA 项目实施的流程和方法，达到产教融合的目的。

本书可作为高等院校电气类、机电类本科生"数据采集与监视控制系统"课程的实验教材，也可作为相关专业工程技术人员的学习参考书。

图书在版编目（CIP）数据

工业数据采集与监视控制系统项目教程 / 张晓萍，李东亚，杜贵府主编. -- 西安 : 西安电子科技大学出版社，2024. 7. -- ISBN 978-7-5606-7353-0

Ⅰ. TP27

中国国家版本馆 CIP 数据核字第 2024HE5880 号

策　　划　陈　婷
责任编辑　薛英英
出版发行　西安电子科技大学出版社（西安市太白南路 2 号）
电　　话　（029）88202421　88201467　　　邮　　编　710071
网　　址　www.xduph.com　　　　　　　电子邮箱　xdupfxb001@163.com
经　　销　新华书店
印刷单位　陕西天意印务有限责任公司
版　　次　2024 年 7 月第 1 版　　2024 年 7 月第 1 次印刷
开　　本　787 毫米×1092 毫米　1/16　印　张　11
字　　数　254 千字
定　　价　30.00 元

ISBN 978-7-5606-7353-0

XDUP 7654001-1

*** 如有印装问题可调换 ***

前　言

随着自动控制技术的不断发展，数据采集与监视控制(Supervisory Control and Data Acquisition，SCADA)系统技术在工业生产中应用得越来越普及。工厂数据采集与监视控制技术在"智能工厂"中起着关键的作用，且已经广泛应用到电力、石油、风电、地铁等行业中。相应地，市场对 SCADA 技术人才的需求也在不断增长。为了满足这种需求，"数据采集与监视控制系统"已成为高等院校电类专业本科生的专业核心课，而基于数据采集与监视控制系统技术的项目开发设计是该课程重要的实践教学环节。但基于 GE Proficy 智能平台的相关数据采集与监视控制系统教材特别是实践指导教程较少，这既增加了学生的学习难度，又限制了 iFIX 平台数据采集与监视控制系统技术的推广和应用。针对这种情况，我们从培养综合应用型人才的角度出发，基于 iFIX 智能平台的数据采集与监视控制系统，组织编写了这本项目教程，希望可为高校相关专业开展教学与科研工作提供参考。

全书由 20 个项目组成，包括 15 个基础项目和 5 个综合项目。15 个基础项目分别为 SCADA 系统概述、iFIX 驱动配置、标签建立、电机虚拟自锁控制、液位动画显示、温度和压力数据采集、电机远程启停控制、报警管理、调度的使用、数据显示与报表、计算块 CA 的使用、程序块 PG 的使用、视频控件的使用、安全发布和 Web 发布，此部分将理论知识点和基础技能点融入典型的 SCADA 系统项目实施中，以满足工艺结合、项目引导、教学一体化的教学需求。5 个综合项目分别为抢答器控制、运料小车控制、液体混合装置控制、热处理车间温/湿度采集及控制和物料分拣系统控制，此部分着眼于理论加实践的教学方式，结合经典的项目应用，精心打造真实的 SCADA 教学与项目实训一体化平台，以提高学生的综合应用能力。本书描述的操作过程和配置参数均经过了实践验证，便于读者在实际应用中借鉴。本书在附录中提供了项目实践指导和项目实践报告，供读者参考。本书的读者应有电气识图和 PME 编程基础，故项目 16 至项目 20 中电气接线、程序设计等内容仅进行简要介绍。本书中应用的软件为 iFIX5.8，为与实际情况保持一致，部分界面为非汉化界面。

本书由苏州大学应用技术学院张晓萍、李东亚和苏州大学杜贵府担任主编，苏州大学应用技术学院邢青青、任艳、潘世丽、张景扩和苏州启迪设计集团股份有限公司张哲工程师担任副主编。张晓萍负责全书统稿，并编写了项目 1～4；李东亚编写了项目 5～8；杜贵府编写了项目 9～12；邢青青编写了项目 13 和 14；任艳编写了项目 15 和 16；潘世丽编写了项目 17 和 18；张景扩编写了项目 19 和 20。张哲编写了本书的部分实例程序并对程序进行了实践论证。本书由苏州大学应用技术学院窦金生教授担任主审。

在此衷心感谢所有对本书出版给予帮助与支持的老师和朋友们。

由于编者水平有限，书中难免有不足之处，恳请读者批评指正。编者电子邮箱：170335622@qq.com。

编　者

2024 年 5 月

目　录

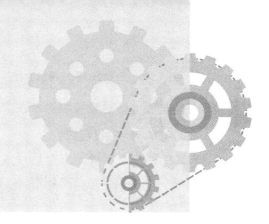

项 目 1

SCADA 系统概述

本项目介绍 SCADA 系统。本项目的学习要求包括：

(1) 了解 SCADA 系统的应用背景和系统构成及其在工业控制领域的地位和作用。

(2) 掌握利用组态软件完成一个 SCADA 系统搭建的基本方法，掌握各个环节的基本用法。

1.1　SCADA 系统介绍

1. SCADA 系统定义

SCADA(Supervisory Control and Data Acquisition，数据采集与监视控制)系统是以计算机为基础的分散控制系统(Distributed Control System，DCS)与自动化监控系统，其应用领域很广，可以应用于电力、冶金、石油、化工、铁路等领域的数据采集与监视控制以及过程控制等诸多领域。在电力系统中，SCADA 系统应用最为广泛，技术发展也最为成熟，在现今的变电站综合自动化建设中起到了相当重要的作用。在远动系统(对广阔地区的生产过程进行监视和控制的系统)中，它也占据着重要地位，可以对现场的运行设备进行监视和控制，以实现数据采集，设备控制、测量，参数调节以及各类信号报警等各项功能。

SCADA 系统的核心是监控和数据采集。PLC(可编程序控制器)、RTU(远程终端单元)、FTU(馈线终端单元)是它的重要组成部分。SCADA 系统应用远程通信技术对远方运行设备进行监视和控制，以实现远程信号传输、远程测量、远程控制和远程调节(即"四遥")等各项功能。

2. SCADA 系统的特性

(1) 远程性。SCADA 系统的远程性表现在系统使用了通信技术。

(2) 实时性。SCADA 系统的实时性表现在数据采集能及时反映到调度所，调度所的控制命令也能及时下达给控制对象。

3. SCADA 系统的优越性

(1) 集中监控，可提高安全运行水平。通过 SCADA 系统可及时了解事故的发生范围，加快事故处理进程，降低损失。

(2) 集中远程控制，可提高劳动生产率和操作质量，降低人为因素产生的风险。

(3) 实现无人化管理，可节约成本，提高经济效益，减少运维费用。

4. SCADA 系统架构

1) 客户机/服务器(C/S)架构

在 C/S 架构(见图 1.1)中，客户机和服务器之间的通信以"请求—响应"的方式进行。客户机先向服务器发出请求，服务器再响应这个请求。

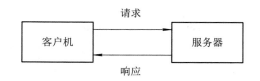

图 1.1　客户机/服务器(C/S)架构

C/S 架构最重要的特征是：它不是一个主从环境，而是一个平等的环境，即 C/S 系统中各计算机在不同的场合可能是客户机，也可能是服务器。在 C/S 应用中，用户只关注完整地解决自己的应用问题，而不关注这些应用问题由系统中哪台或哪几台计算机完成。如在 SCADA 系统中，当服务器向 PLC 请求数据时，服务器就是客户端；而当其他工作站向服务器请求服务时，它就是服务器。显然，这种结构可以充分利用两端硬件环境的优势，将任务合理分配到客户机端和服务器端。

2) 浏览器/服务器(B/S)架构

随着互联网的普及和发展，以往的主机/终端和 C/S 架构都无法满足当前的全球网络开放、互联、信息随处可见和信息共享的新要求，于是就出现了 B/S 架构(见图 1.2)。

图 1.2　浏览器/服务器(B/S)架构

B/S 架构主要的特点是用户可以通过浏览器去访问互联网上的文本、数据、图像、动画、视频点播和声音信息，这些信息都是由很多的 Web 服务器产生的，而每一个 Web 服务器又可以通过各种方式与数据库服务器连接，大量的数据实际存放在数据库服务器中。

B/S 架构主要的优点是客户机统一采用浏览器，这不但方便用户使用，而且使客户端无须维护。

1.2　SCADA 系统组态软件 iFIX 介绍

iFIX 是全球领先的 HMI/SCADA 自动化监控组态软件。全球许多成功的制造商都依靠 iFIX 软件来全面监控和分布管理生产数据。在冶金、电力、石油、化工、医药、生物技术、包装、食品加工、交通运输等各种工业应用中，iFIX 独树一帜地集功能性、安全性、通用性和易用性于一身，成为全面的 HMI/SCADA 解决方案。

1. 系统组建

iFIX 按照 C/S 模式搭建系统运行网络，确保设备间的物理通道处于稳定正常状态。

2. 数据采集环境

1) 通信接口及协议

考虑设备有哪些接口，支持哪些通信协议。如果设备具有 RJ45 网络通信接口，则可支持 Modbus TCP、IEC60870-5-104 等以太网通信协议；如果设备具有 RS232/422/485 串行通信接口，则可支持 Modbus RTU 等工业串行通信协议以及 FF、Profibus 等现场总线协议。

2) 通信点表

根据需求创建数据采集点表(示例见表 1.1)，为创建数据库做准备。

表 1.1　通信点表示例

地　址	格　式	数据内容	比例系数	R/W
0106	Int	A 相电压(3P4W)	0.1 V	R
0107	Int	B 相电压(3P4W)	0.1 V	R
0108	Int	C 相电压(3P4W)	0.1 V	R
0109	Int	AB 线电压	0.1 V	R
010A	Int	BC 线电压	0.1 V	R
010B	Int	CA 线电压	0.1 V	R
010C	Int	A 相电流	0.001 A	R
010D	Int	B 相电流	0.001 A	R
010E	Int	C 相电流	0.001 A	R

3. 软件安装

(1) 软件安装要求。iFIX 可以支持 Windows 7 和 Microsoft Windows Server 2008 64 位系统，Microsoft Windows Server 2008 R2 标准版(或专业版)、Microsoft Windows 2003 R2 及 Microsoft Windows 7 专业版或旗舰版等 64 位系统已经经过测试，可以使用，推荐硬件如表 1.2 所示。

表 1.2　推 荐 硬 件

硬　件	要　求
CPU	i5 或以上
内存	2 GB 或以上
硬盘	空闲 20 GB 以上
显卡	独立显卡

(2) 单击安装包中的 InstallFrontEnd 应用程序打开安装界面(见图 1.3)。

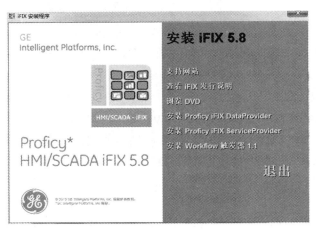

图 1.3　安装界面

"安装 iFIX5.8"选项用于安装 iFIX 软件的主程序,"支持网站"选项用于连接 GE 技术支持的网站地址,"浏览 DVD"选项用于浏览光盘中的内容,"安装 Proficy iFIX DataProvider"选项用于安装 iFIX 数据提供程序,"安装 Proficy iFIX ServiceProvider"选项用于安装 iFIX 服务提供程序,"安装 Workflow 触发器 1.1"选项用于安装工作流触发器。在此,只需要单击"安装 iFIX5.8"选项即可打开安装向导(见图 1.4),开始安装工作。

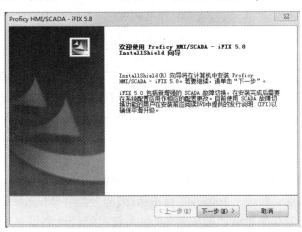

图 1.4　安装向导

(3) 单击"下一步"按钮继续向导安装，在弹出的许可证协议界面(见图 1.5)中选择"我接受许可证协议中的条款"，单击"下一步"按钮。

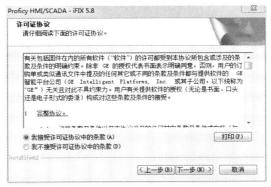

图 1.5　许可证协议界面

(4) 在弹出的窗口(见图 1.6)中选择"完整安装"即可完整安装 iFIX 所有功能，也可以安装典型版本或自定义安装。

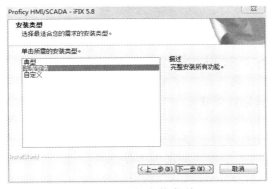

图 1.6　选择安装类型

(5) 单击"下一步"按钮后，在弹出的窗口(见图 1.7)中可以更改安装路径，如不进行修改，则默认在 C 盘安装。

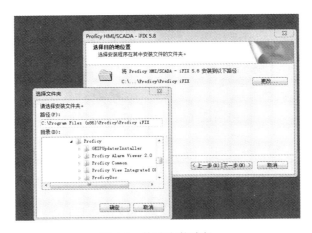

图 1.7　修改安装路径

(6) 单击"下一步"按钮后，进入确认安装界面(见图 1.8)，单击"安装"按钮开始进行软件安装。

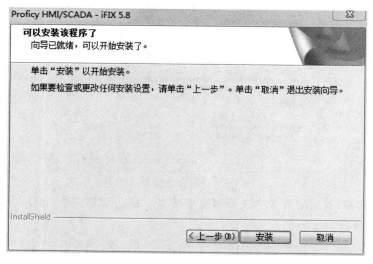

图 1.8　确认安装界面

(7) 在安装过程中会弹出配置向导，如图 1.9 所示。节点名默认为 FIX。选择节点类型时，如果安装在服务器上则选择"SCADA 服务器"；如果安装在客户端上则选择"客户端"。选择互连项时，如果需要建立服务器与客户端的连接，则选择"网络"；如果单机使用则选择"独立"。

(8) 如果安装时需明确远程服务器或客户端的节点名称，则在如图 1.10 所示的对话框中选择"添加"来添加节点，如果不明确则选择"跳过"。

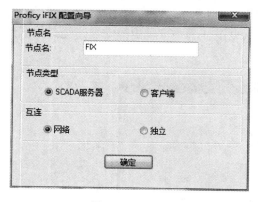

图 1.9　配置向导

图 1.10　添加节点

(9) 完成此环节后软件安装结束。

4. 软件修复

找到 iFIX\Setup，以管理员身份运行，修复 iFIX；修复后运行 iFIX，确认软件是否能够正常运行。

5. 配置 GE9 驱动

在"开始"菜单\Proficy HMI SCADA-iFIX 5.58\GE9 PowerTool 配置通道、设备、数据块，配置完成后观察数据通信是否正常。

6. 更改 hosts 文件

hosts 文件路径为 C:\Windows\system32\drivers\etc\hosts。在 hosts 文件最后添加以下内容：

192.168.1.20 FIX

192.168.1.93 PLC1

7. 工程案例演示

单击系统菜单栏的"运行" 按钮，将系统模式切换到运行环境(见图 1.11)。在运行环境中，可以检验在上述过程中建立的画面和数据库是否能够正常工作。

图 1.11　运行环境界面

项 目 2

iFIX 驱动配置

本项目介绍 iFIX 驱动配置。本项目的学习要求包括：

(1) 了解 SCADA 系统的整体数据传输过程。

(2) 掌握数据采集的整个配置过程。

2.1 安装 GE9 驱动器

组态软件可以与多种类型的 PLC 控制器进行通信连接，将 PLC 的数据采集到数据库中。GE9 驱动器是 PLC 与 iFIX 建立通信必要的中间桥梁。

单击 GE9 驱动器安装应用程序 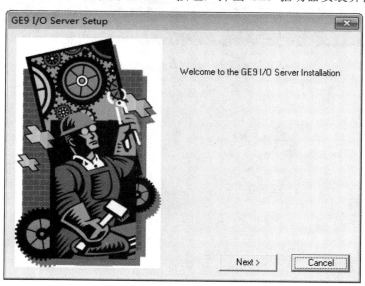 Setup 按钮，弹出 GE9 驱动器安装界面(见图 2.1)。

图 2.1　GE9 驱动器安装界面

按照提示步骤安装 GE9 驱动器。在设置采集控制器的驱动器读取外部硬件的数据之前，用户需要先设置驱动器通道、设备、数据块。通道定义 SCADA 服务器和过程硬件之间的路径，驱动器作为一个后台程序。

2.2　在 iFIX 中添加 GE9 驱动器

　　打开 iFIX 软件，进入启动界面，如图 2.2 所示。选择运行系统配置应用按钮，进入 SCU 配置界面，如图 2.3 所示。单击按钮，弹出 SCADA 配置对话框，配置过程如图 2.4 所示。在已配置的 I/O 驱动器选择框中选择"GE9"，并右击"添加"后单击"确定"，完成 SCU 系统配置，如图 2.5 所示。

图 2.2　iFIX 启动界面

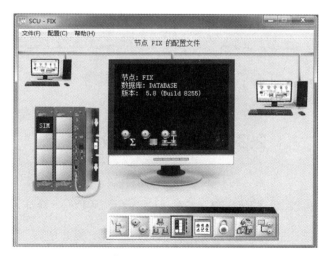

图 2.3　SCU 配置界面

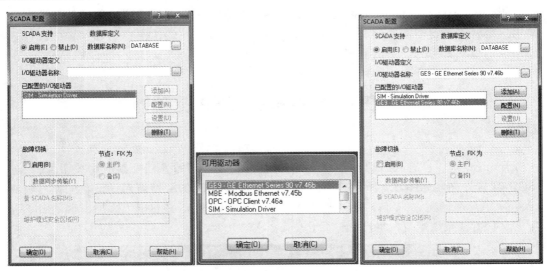

图 2.4　SCU 配置过程

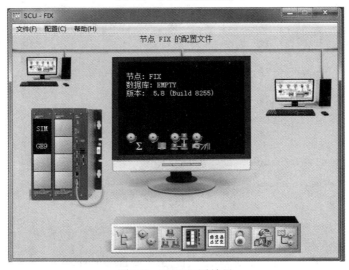

图 2.5　SCU 配置结果

注意：最后在图 2.5 文件中保存 SCU 配置。

2.3　配置 GE9 设备

打开"开始"菜单\Proficy HMI SCADA-iFIX 5.8\GE9 PowerTool，配置通道、设备和数据块。或者直接双击图 2.5 中的 GE9 按钮，进入配置通道。

(1) 选择 SCADA 配置，本机进行数据采集选择 Use Local Sever(如图 2.6 所示)。

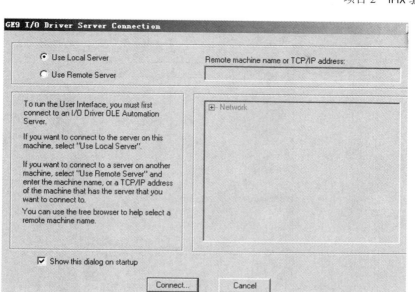

图 2.6　数据采集选择

(2) 单击"Connect"连接，进入如图 2.7 所示的界面。

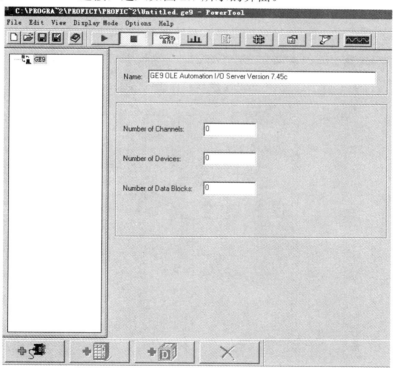

图 2.7　GE9 连接 Connect

(3) 单击 ，建立数据采集通道(见图 2.8)，填写通道名和描述信息，勾选
"Enable"。

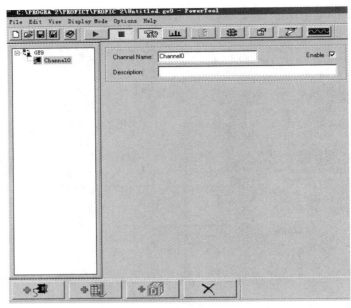

图 2.8　建立数据采集通道

(4) 通道配置包括应答、超时、重试。建立通信设备即 PLC，单击 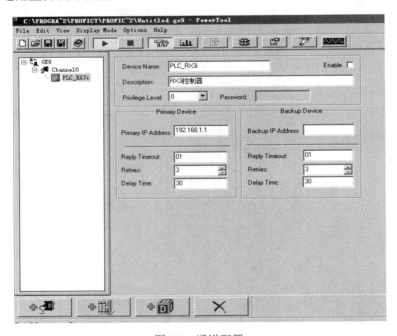。在图 2.9 所示的通道配置界面中配置 PLC 的名称、描述以及 IP 地址等。

图 2.9　通道配置

(5) 配置数据块，单击 ，进入数据块配置界面(见图 2.10)，建立数据块读取设备中的参数，包括修改 Data Block 数据块的名称，在 I/O Address Setup 选项中定义数据块地址(包括数据的起始地址、数据块的结束地址、数据块的地址长度，数据块的死区，数据块的输出使能、轮询设置)。

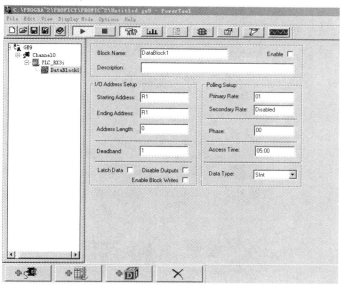

图 2.10　数据块配置

(6) 建立数字量模块和模拟量模块等。可以单击 ✕ 对配置的驱动进行修改，删除已配置的网卡设备或数据块。

(7) 驱动配置完成后进行保存，单击"File Save"选择所配置驱动存放的位置。将配置好的驱动放置在 iFIX 安装目录下的 PDB 文件夹中，设置文件名后单击保存，配置好的驱动保存在 PDB 文件夹中(见图 2.11)。

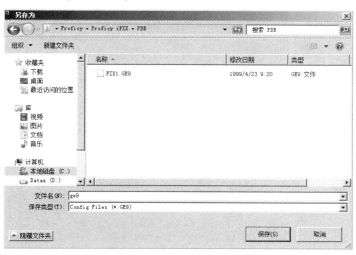

图 2.11　驱动配置保存

(8) 随后设置驱动默认启动路径，单击 🖼，进入 Default Path，在 Default configuration 输入设置驱动名，在 Default path for 输入配置驱动的保存位置地址，如图 2.12 所示，驱动配置完成后检测驱动与控制器通信。

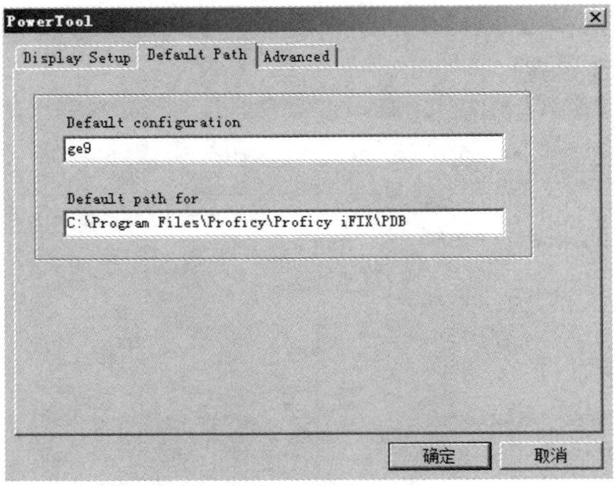

图 2.12　驱动默认启动路径设置

2.4　设置 hosts 文件

　　hosts 文件路径为 Windows/system32/drivers/etc/hosts，通过记事本打开，输入 iFIX 对应的计算机和 PLC 对应的控制器的 IP，并保存文件，如图 2.13 所示。iFIX 对应的计算机和 PLC 对应的控制器的 IP 此处分别为：

　　192.168.1.2 |FIX|

　　192.168.1.1 RX3i

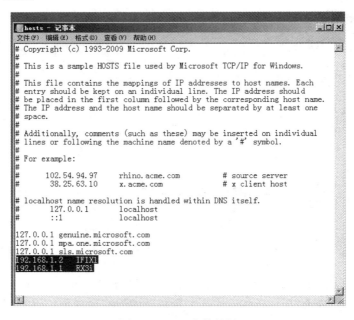

图 2.13　host 文件设置

2.5　配　置　结　果

配置完成后观察数据通信是否正常。返回驱动主界面单击 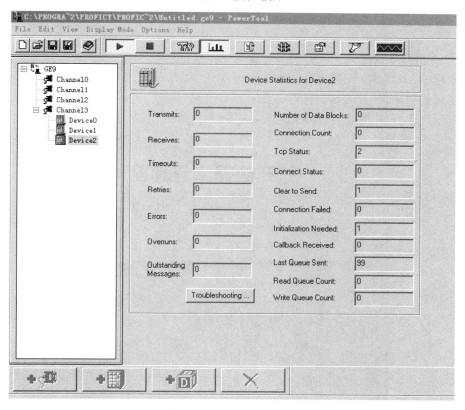，然后再单击 ▶ 按钮。如果对应界面(见图 2.14)中 Transmit 和 Receives 两个输入框出现非零数字并不断上升，说明驱动已经配置成功，可以和控制器进行通信。

图 2.14　检验驱动配置

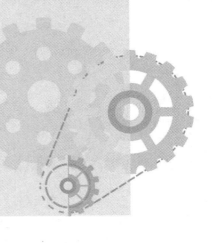

项 目 3

标 签 建 立

本项目介绍标签建立。本项目的学习要求包括：
(1) 了解 SCADA 系统的整体数据传输过程。
(2) 掌握数据采集的配置过程。
(3) 掌握构建 iFIX 过程数据库并建立数据采集点。

3.1 打开数据库管理器

在 iFIX 主界面中找到应用程序，打开数据库管理器，如图 3.1 所示。

图 3.1　数据库管理器

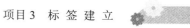

3.2　编 辑 数 据 库

在数据库管理器中单击第一行的空白格，建立数据(见图 3.2)。驱动器选择 SIM(虚拟寄存器)。

图 3.2　建立数据

3.3　建立数字量数据

新建数字量输入标签(见图 3.3)：建立"BUTTON"按钮的数据标签。

图 3.3　新建数字量输入标签

17

"基本"选项设置如图 3.4 所示。

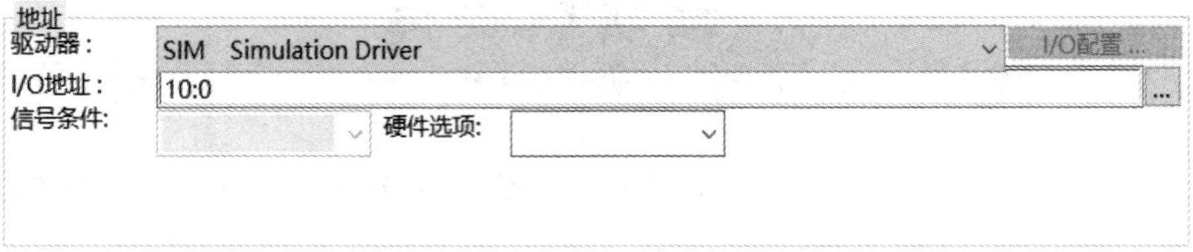

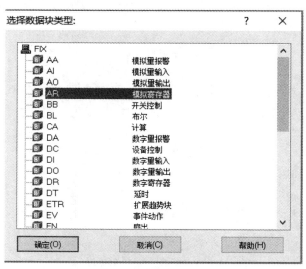

图 3.4　"基本"选项设置

"高级"选项设置如图 3.5 所示。

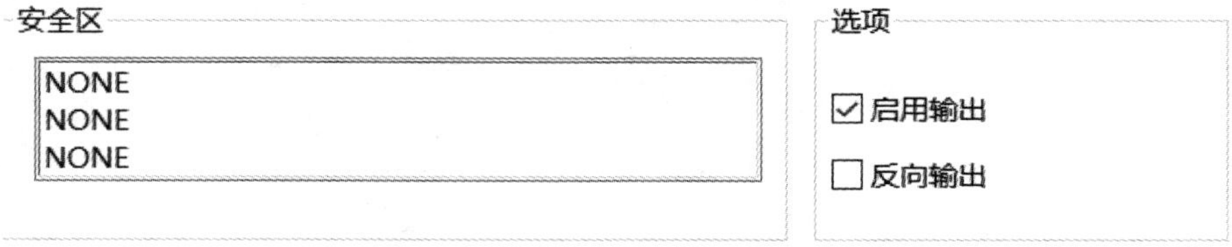

图 3.5　"高级"选项设置

3.4　建立模拟量数据

新建名为 TESTDATA 的模拟量数据标签，选择数据块类型为模拟寄存器 AR 类型，如图 3.6 所示。

图 3.6　新建模拟量寄存器标签

"基本"选项设置如图 3.7 所示。

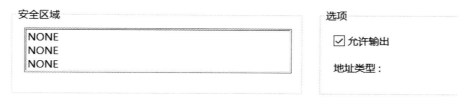

图 3.7 "基本"选项设置

"高级"选项设置如图 3.8 所示。

安全区域	选项
NONE NONE NONE	☑ 允许输出 地址类型：

图 3.8 "高级"选项设置

3.5 标签建立结果

建立仪表压力、仪表温度的数据标签等，数据列表如图 3.9 所示。

PT_101	AI	PT_101仪表压力	1	GE9	PLC1:R408	????
TT_101	AI	TT_101仪表温度	1	GE9	PLC1:R407	????

图 3.9 数据列表

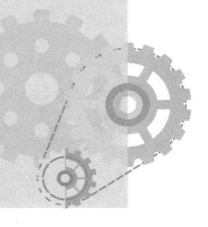

项 目 4

电机虚拟自锁控制

本项目介绍电机虚拟自锁控制。本项目的学习要求包括：

(1) 利用 iFIX 组态软件实现数据库构造、画面编辑、动画连接。

(2) 实现电机自锁运行虚拟控制。

4.1 开 发 流 程

iFIX 虚拟控制工程实现的一般过程如下：

(1) 数据库构造。

(2) 组态画面建立。

(3) 动画连接建立。

(4) 运行与调试。

需要说明的是，以上几个步骤并不是完全独立的。创建工程时主要考虑以下三方面。

1. 图形

用户希望得到什么样的图形画面，也就是怎样用抽象的画面来模拟实际的工业现场和相应的工控设备。本项目以电机自锁为例，通过画面上的开关可以控制电机运行，通过指示灯可以观察电机的运行状态。图形画面(电机运行状态)如图 4.1 所示。

图 4.1　电机运行状态图

2. 数据

创建一个具体的数据库，此数据库中的变量反映工控对象的各种属性，如温度、压力、运行状态等。以电机自锁控制为例，分别创建标签名为"MOTOR""STOP"和"RUN"的数据来反映电机的运行状况、开关的断开和闭合状态。数据标签分配见表 4.1。

表 4.1　数据标签分配

标签名	数据类型	扫描时间/s	I/O 设备	I/O 地址
MOTOR	DR	1	SIM	10:0
STOP	DR	1	SIM	11:0
RUN	DR	1	SIM	12:0

3. 连接

数据和图形画面中的图素的连接关系是什么，也就是画面上的图素以什么样的动画来模拟现场设备的运行以及如何让操作者输入控制设备的指令。本项目以电机自锁为例，"RUN"和"STOP"按钮控制电机的启动和停止，"MOTOR"指示灯的亮灭反映电机的运行状态。

4.2　启动 iFIX 工作台

双击电脑桌面图标 ，或者单击"启动"对话框中的 图标，启动 iFIX 程序，如图 4.2 所示。

图 4.2　启动 iFIX 程序

进入 iFIX 工作台，如图 4.3 所示。工作台的布局分为四大区域：系统树、工作区、菜单栏和工具栏。

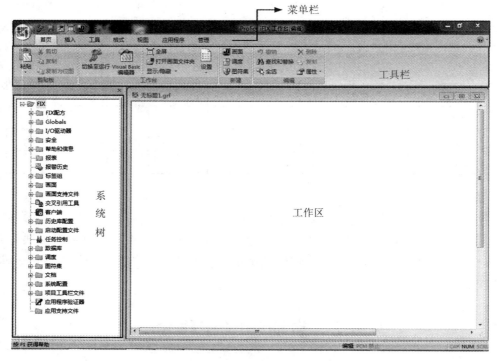

图 4.3　工作台

4.3　建 立 数 据 库

建立数据库的操作步骤如下：

（1）单击菜单栏中的"应用程序"，双击"数据库管理器"，打开"数据库管理器"对话框，选择"打开本地节点"，如图 4.4 所示。单击"确定"按钮，出现如图 4.5 所示的过程数据库类型对话框。

图 4.4　"数据库管理器"对话框

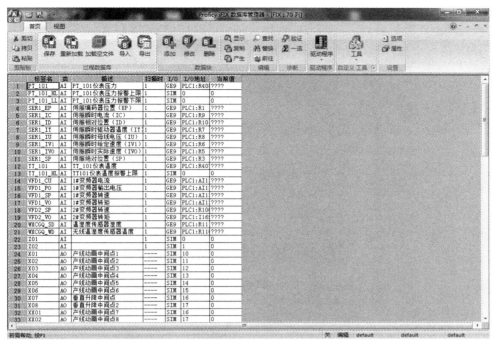

图 4.5　过程数据库类型

(2) 过程数据库由标签组成。单击数据库管理器工具栏上的"加载空文件"，出现如图 4.6 所示的窗口。

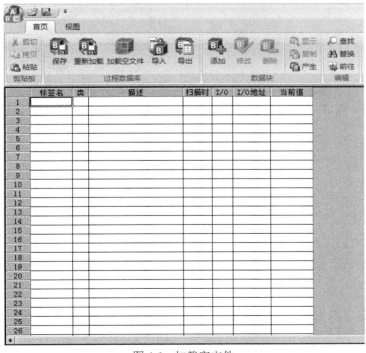

图 4.6　加载空文件

(3) 双击图中的任意单元格，打开"选择数据块类型："对话框，如图 4.7 所示。根据电机自锁控制电路分析可知，启动、停止按钮和电机运行指示灯均为数字量，本次任务要求实现 iFIX 内部虚拟控制，所以选择"DR"(数字量寄存器标签)。

图 4.7 "选择数据块类型："对话框

(4) 单击"DR"，打开"数字量寄存器"对话框，如图 4.8 所示。

图 4.8 "数字量寄存器"对话框

(5) 创建"数字量寄存器"标签，以"启动"为例，标签名输入"RUN"，驱动器选择"SIM"驱动，I/O 地址为"12:0"，如图 4.9 所示。

图 4.9 创建数字量寄存器标签

(6) 单击"高级"选项卡,选中"允许输出"项,如图 4.10 所示。"允许输出"用于在过程需要时进行输出,目的是节约 iFIX 的 I/O 点数。

图 4.10 "高级"选项卡

(7) 以同样的方法创建停止标签,标签名为"STOP",驱动器选择"SIM"驱动,I/O地址为"11:0",设置高级栏中的"允许输出"项;继续创建电机运行状态指示标签 Q1,

标签名为"MOTOR",驱动器选择"SIM"驱动,I/O 地址为"10:0",指示灯标签不需要"允许输出"项。添加完成后的数据库如图 4.11 所示。

	标签名	类	描述	扫描时	I/O	I/O地址	当前值
1	MOTOR	DR		----	SIM	10:0	OPEN
2	STOP	DR	停止按钮	----	SIM	11:0	OPEN
3	RUN	DR	启动按钮	----	SIM	12:0	OPEN

图 4.11　建立数据库

(8) 完成后,最小化"数据库管理器"窗口返回到工作台。

4.4　建立组态画面

建立组态画面分为导入图片、关联指示灯,添加按钮与命令脚本和编辑画面添加标题四大部分。

1. 导入图片

导入图片要用到图符集,图符集中包括在开发过程中使用率较高的对象帮助创建的类似画面。从系统树图符集文件夹中选择添加图符,本项目需添加一个指示灯、一台电机和两个中号面板按钮。找到"电机"并双击选中一台电机图片,将其拖入画面即可,如图 4.12 所示。

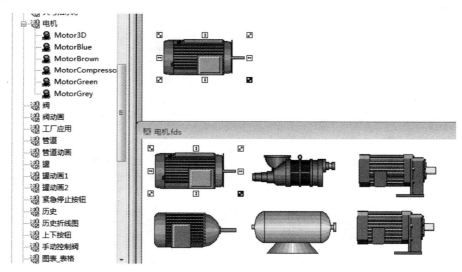

图 4.12　添加电机图片

2. 关联指示灯

(1) 按照上述方法在图符集中找到"中号指示灯"选项,添加一个绿色指示灯放到电机接线盒处(表示电机是否正常工作),如图 4.13 所示。

(2) 添加了指示灯后，双击指示灯弹出关联数据源窗口，如图 4.14 所示。

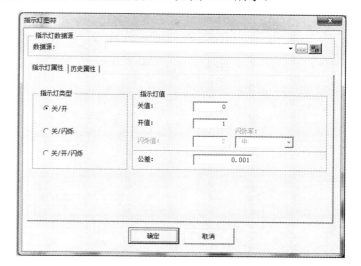

图 4.13　添加指示灯

图 4.14　关联指示灯的数据源

(3) 单击"数据源："项后的"…"按钮，弹出"表达式编辑器"对话框，单击"FIX"→"MOTOR"→"F_CV"，再单击"确定"按钮，完成指示灯的数据源查找，如图 4.15 所示。

图 4.15　"表达式编辑器"对话框 1

(4) 单击"确定"按钮，完成数据源关联，如图 4.16 所示。

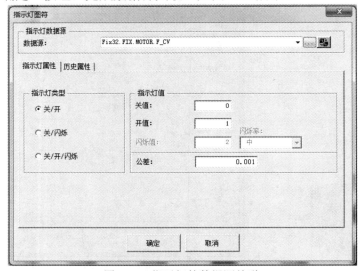

图 4.16　指示灯的数据源关联

3. 添加按钮与命令脚本

(1) 在图符集中查找"中号面板按钮"选项，选择一个绿色按钮和一个红色按钮并放置到工作区，如图 4.17 所示。

图 4.17　添加按钮

(2) 双击工作区的绿色按钮，弹出"基本动画对话框"对话框，如图 4.18 所示。

图 4.18　"基本动画对话框"对话框

（3）单击"命令"项中的 按钮，弹出"多命令脚本向导"对话框，打开下拉菜单，选择"关闭数字量标签专家"选项，如图 4.19 所示。

（4）系统自动弹出"关闭数字量点专家"对话框，如图 4.20 所示。

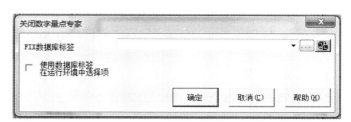

图 4.19　"多命令脚本向导"对话框　　　　图 4.20　"关闭数字量点专家"对话框 1

（5）单击"FIX 数据库标签"后的"..."按钮，弹出"表达式编辑器"对话框，依次单击"FIX"→"MOTOR" →"F_CV"，再单击"确定"按钮，如图 4.21 所示。

图 4.21　"表达式编辑器"对话框 2

注：通过"表达式编辑器"中的 数学函数(M) >> ，可以关联多个数据源以及多个数据源的数学运算结果。

(6) 系统返回到"关闭数字量点专家"对话框，单击"确定"按钮，如图 4.22 所示。

图 4.22　"关闭数字量点专家"对话框 2

(7) 双击工作区的红色按钮，重复步骤(4)～(6)，依次用命令"打开数字量标签专家"关联数据源"FIX"→"MOTOR"→"F_CV"。

注意：同一个"命令"项中可以添加多个命令，包括"打开数字量标签专家"或"关闭数字量标签专家"。

4. 编辑画面添加标题

(1) 添加标题"电机运行控制监控画面"。调出图形工具箱，单击 **Aa** 按钮后在编辑界面内输入"电机运行控制监控画面"，右键单击字体后可对字体的大小进行修改，如图 4.23 所示。

(2) 在绿色按钮左边、红色按钮左边和指示灯下面分别添加"RUN""STOP"和"MOTOR"文字。

图 4.23　编辑界面

4.5　运　行　测　试

按"Ctrl + W"键或单击"切换至运行"按钮，进入运行状态，单击"RUN"按钮，

"MOTOR"指示灯亮(代表电机运行)，如图 4.24 所示。单击"STOP"按钮，"MOTOR"指示灯灭(代表电机停止)，如图 4.25 所示。

图 4.24　运行状态

图 4.25　停止状态

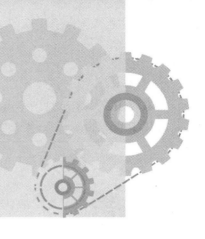

项 目 5

液位动画显示

本项目介绍液位动画显示。本项目的学习要求为：

利用 iFIX 组态软件实现数据库构造、画面编辑、动画连接，实现液位动画显示。

5.1 开 发 流 程

iFIX 虚拟控制工程实现的一般过程已在项目 4 中介绍过，此处不再赘述。

创建工程时，亦主要考虑图形、数据、连接三方面。

1) 图形

本项目通过画面上的液位仪和罐内液位动画观察现场液位状态。图形画面如图 5.1 所示。

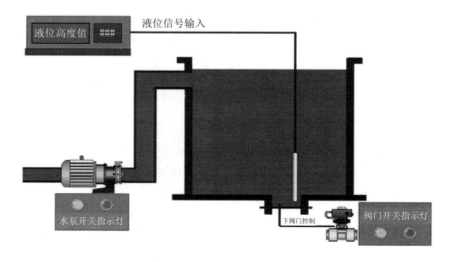

图 5.1 液位显示状态图

2) 数据

本项目创建标签名为"液位模拟"的数据来反映液位的状态。数据标签分配见表 5.1。

表 5.1 数据标签分配

标签名	数据类型	扫描时间/s	I/O 设备	I/O 地址
LIQUID	AR	1	SIM	15
阀门工作状态	DR	1	SIM	1:0
水泵工作状态	DR	1	SIM	0:0
阀门关断值	AR	1	SIM	0
液位模拟	AR	1	SIM	1

3) 连接

本项目通过"LIQUID"的数据变化来反映液位的状态变化。

5.2 数据库建立

打开"数据库管理器"窗口及"加载空文件"的具体步骤详见项目 1。

双击数据库空文件中的任意单元格，打开"选择数据块类型："对话框，如图 5.2 所示。根据液位监控分析可知，液位数据均为模拟量，本次任务要求实现 iFIX 内部虚拟监视，所以选择 AR(模拟量寄存器标签)。单击"AR"，打开"模拟量寄存器"对话框。

图 5.2 "选择数据块类型："对话框

创建"模拟量寄存器"标签，标签名输入"液位模拟"，驱动器选择"SIM"驱动，I/O 地址为"1"。单击"高级"选项卡，选中"允许输出"项，"允许输出"用于在过程需要时进行输出，目的是节约 iFIX 的 I/O 点数。添加完成后数据库如图 5.3 所示。

	标签名	类	描述	扫描时	I/O	I/O地址	当前值
1	阀门工作状态	DR		----	SIM	1:0	OPEN
2	水泵工作状态	DR		----	SIM	0:0	CLOSE
3	阀门关断值	AR		----	SIM	0	60.00
4	液位模拟	AR		----	SIM	1	65.00
5							

图 5.3　数据库建立

完成后，最小化"数据库管理器"窗口返回到工作台。

5.3　建立组态画面

组态画面的建立分为导入图片、关联液位和给定与显示液位当前值三部分。

1. 导入图片

导入图片要用到图符集，从系统树图符集文件夹中，选择添加图符图片，如图 5.4 所示。

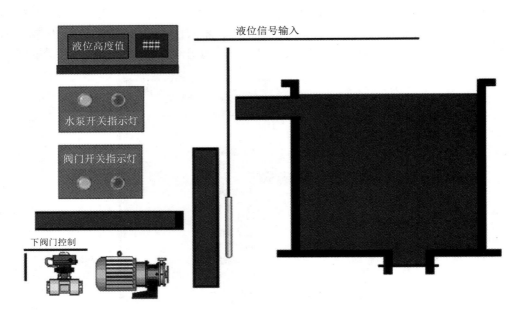

图 5.4　添加图符图片

然后对图符进行调整和排列，调整位置后如图 5.5 所示。

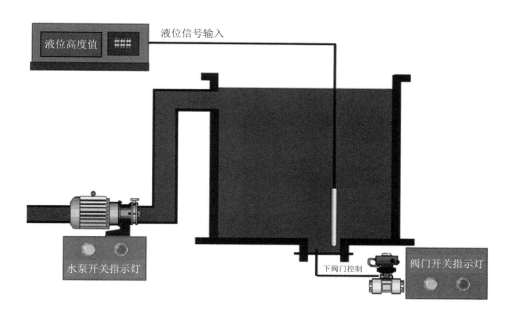

图 5.5 调整位置

2. 关联液位

(1) 右击"反应罐中蓝色色块"。选择"动画",打开"基本动画"对话框,如图 5.6 所示。选择"移动"类型中的"比例"。

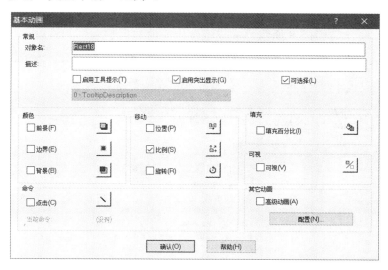

图 5.6 "基本动画对话框"对话框

(2) 单击"比例"右侧 按钮,弹出"比例专家"对话框,如图 5.7 所示。首先关联数据源窗口,单击"数据源"项后面的"…"按钮,弹出"表达式编辑器"对话框,找到数据源"FIX"→"液位模拟"→"F_CV"进行关联。单击"确认"按钮返回,完成液位数据源查找。

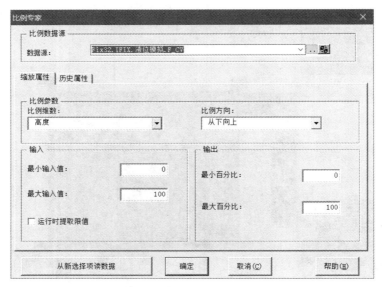

图 5.7 "比例专家"对话框

(3) 在"比例专家"对话框中设置比例参数、方向和输入输出值等。

思考：采用"填充百分比"动画如何实现上述功能？

3. 给定与显示液位当前值

(1) 采用"数据输入专家"将液位当前值数据输入虚拟寄存器，先添加一个矩形框，选中矩形框后，选择工具菜单下的"数据输入专家"。弹出"为 Rect 1 选择数据输入方法"对话框，数据源关联"FIX"→"液位模拟"→"F_CV"。在数据输入方法中选择"数字/字母输入项"，如图 5.8 所示。完成液位当前值数据输入框的设置。

图 5.8 数据输入专家

(2) 采用"数据链接戳"将液位当前值输出显示，在步骤(1)中添加的矩形框上插入对象"数据链接戳"，如图 5.9 所示。

图 5.9　数据链接戳

注：可采用"数据链接戳"同时实现数据的输入和显示，具体做法为将"数据连接"中数据输入项的数据类型改为"可控制"类型，如图 5.10 所示。

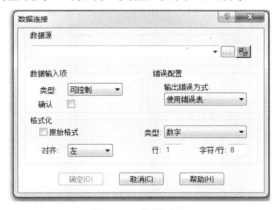

图 5.10　数据连接

4．编辑画面与添加文字标注

调出图形工具箱，单击 **Aa** 按钮后在编辑界面内输入"液位高度值"等文字，右键单击文字后可对字体的大小进行修改，如图 5.11 所示。

图 5.11　编辑界面

5.4 运 行 测 试

按"Ctrl + W"键或单击"切换至运行"按钮进入运行状态，单击液位输入框，输入液位当前值为 30(%)，反应罐中液位高度值为 30(%)，同时数据显示框显示当前液位高度值 30(%)，如图 5.12 所示。

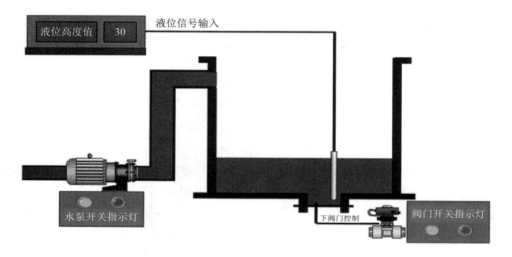

图 5.12 运行状态

思考：

(1) 若反应罐采用图符集中"储藏罐动画"，如何实现液位显示功能？

(2) 若采用液位采集值作为液位输入值，如何实现可视化界面中液位连续变化不超限？

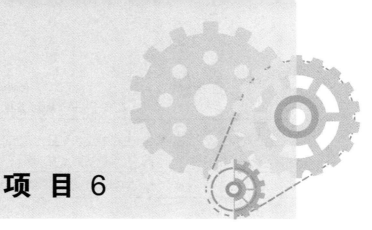

项 目 6

温度和压力数据采集

本项目介绍温度和压力数据采集。本项目的学习要求包括：

(1) 通过 RX3i 系统采集环境温度和压力数据，并用数字表头把采集数据在计算机界面上实时显示出来。

(2) 通过在过程数据库中添加模拟量输入标签，图形上采用数字表头来实现环境温度和压力的显示，如图 6.1 所示。

温度压力数据采集

温度采集值　　　　　　　　压力采集值

图 6.1　温度和压力值采集及可视化界面设计

6.1　开 发 流 程

开发流程如下：

(1) PAC 中 I/O 地址分配。本任务通过 PAC 采集温度和压力变送器传送的温度和压力模拟量值，因此首先要明确 PAC 中温度和压力模拟量的 I/O 地址，表 6.1 为 I/O 地址分配表。

表 6.1　I/O 地址分配

输　入　点　表			中　间　变　量		
名　称	变量名	地址	名　称	变量名	地址
温度采集值	wenduR	%AI1325	温度显示值	wenduT2	%R00407
压力采集值	yali	%AI1327	压力显示值	yaliP	%R00408

(2) 在 GE9 驱动器配置的基础上建立任务。

(3) 在过程数据库中添加模拟量输入标签。

(4) 在画面中添加动画对象并为其添加数据连接。

6.2　编写并下载 PAC 程序

本任务要在 PME(Power Management Event，电源管理事件)中编写并下载 PAC 程序，具体步骤如下：

(1) 打开 PME 软件，新建工程后双击"_MAIN"打开主程序，编写程序采集并转换温度值，如图 6.2 所示。

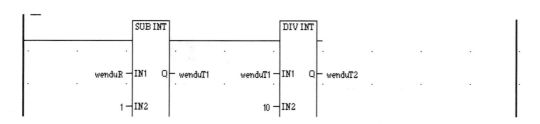

图 6.2　温度采集及转换程序

(2) 编写程序，采集并转换压力值，如图 6.3 所示。

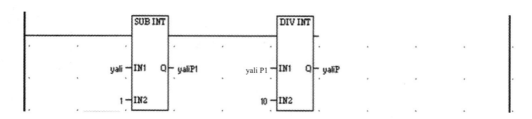

图 6.3　压力采集及转换程序

(3) 编译、下载、调试及备份程序。

6.3 安装及配置 GE9 驱动器

安装及配置 GE9 驱动器的步骤如下：

(1) 双击 GE9 驱动器安装软件后，弹出 GE9 驱动器安装界面，如图 6.4 所示。

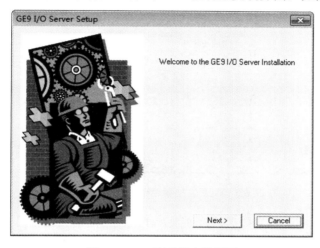

图 6.4 GE9 驱动器安装界面

按照提示步骤安装 GE9 驱动器。在设置采集控制器的驱动器读取外部硬件的数据之前，用户需要先设置驱动器通道、设备、数据块。通道定义 SCADA 服务器和过程硬件之间的路径，驱动器作为一个后台程序。

(2) 配置 GE9 驱动器。选择 SCADA 配置，本机进行数据采集选择"Use Local Sever"，如图 6.5 所示。

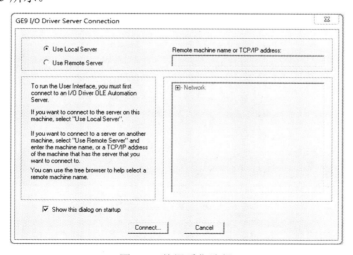

图 6.5 数据采集选择

(3) 单击连接 "Connect"，进入如图 6.6 所示的界面。

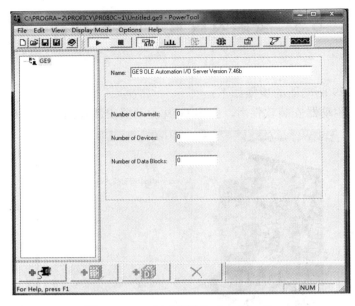

图 6.6　GE9 驱动器连接 "Connect"

(4) 单击 ![]，建立数据采集通道，填写通道名和描述信息，勾选 "Enable"，如图 6.7 所示。

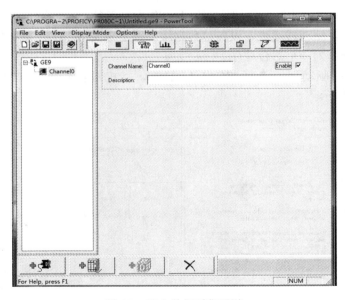

图 6.7　建立数据采集通道

(5) 通道配置包括应答、超时、重试。建立通信设备即 PLC，单击 ![]，配置 PLC 的名称、描述以及 IP 地址等，如图 6.8 所示。

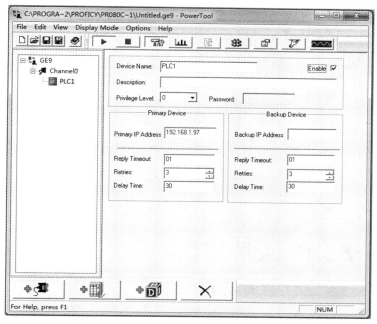

图 6.8　通道配置

(6) 配置数据块，单击 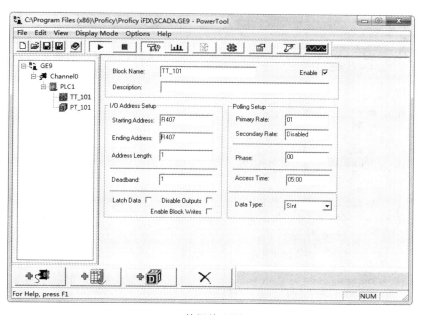，建立数据块读取设备中的参数，包括修改 Data Block 数据块的名称，在 I/O Address Setup 选项中定义数据块地址(包括数据的起始地址、数据块的结束地址、数据块的地址长度，数据块的死区，数据块的输出使能、轮询设置)，如图 6.9 所示。

(a) 数据块配置 1

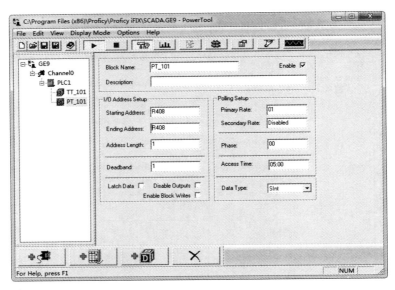

(b) 数据块配置 2

图 6.9　数据块配置

(7) 建立数字量模块和模拟量模块等。单击 ✕ 对配置的驱动进行修改，删除已配置的网卡设备或数据块。

(8) 驱动配置完成后进行保存，单击 "File Save" 选择所配置驱动存放的位置。将配置好的驱动放置在 iFIX 安装目录下的 PDB 文件夹中，设置文件名后单击 "保存"，将配置好的驱动保存在 PDB 文件夹中，如图 6.10 所示。

图 6.10　驱动配置保存

(9) 随后设置驱动默认启动路径，单击 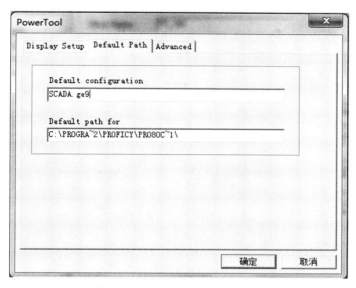 ，进入 Default Path，在 Default configuration 输入设置的驱动名字；在 Default path for 输入配置驱动的保存位置地址，如图 6.11 所示，驱动配置完成后检测驱动与控制器通信。

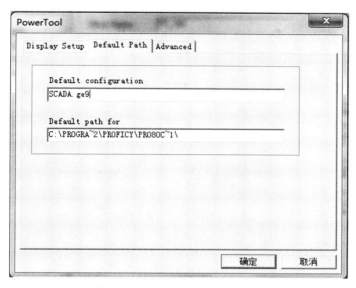

图 6.11　驱动默认启动路径设置

(10) 设置 hosts 文件，文件路径为 Windows/system32/drivers/etc/hosts，通过记事本打开，输入 FIX 对应的计算机和 PLC 对应的控制器的 IP，如图 6.12 所示。

图 6.12　hosts 文件设置

(11) 返回驱动主界面单击 ▥ 图标，然后再单击 ▶ 按钮，如果对应界面 Transmit 和 Receives 两个输入框出现非零数字并不断上升，说明驱动已经配置成功，可以和控制器进行通信，如图 6.13 所示。

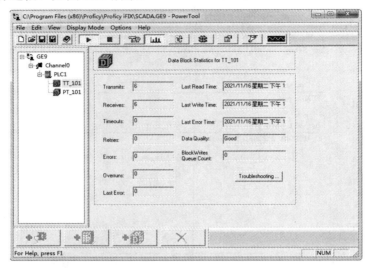

图 6.13　检验驱动配置

6.4　SCU 系统配置

iFIX 系统通过 GE9 驱动器将 PAC 数据采集到过程数据库中，由于内部协议为网络协议，因此服务器与 PAC 之间采用 RJ45 网络接口进行连接。

(1) 打开"iFIX"软件，进入启动界面，如图 6.14 所示。

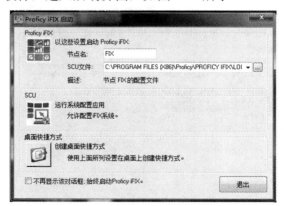

图 6.14　iFIX 启动界面

(2) 选择运行系统配置应用按钮 ▦，进入 SCU 配置界面，如图 6.15 所示。

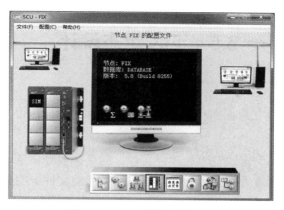

图 6.15 SCU 系统配置界面

(3) 单击 [] 按钮,弹出"SCADA 配置"对话框,配置过程如图 6.16 所示。

图 6.16 SCU 系统配置过程

(4) 在已配置的 I/O 驱动器选择框中选择"GE9",并单击右侧"添加"后单击"确定",完成 SCU 系统配置。SCU 系统配置结果如图 6.17 所示。

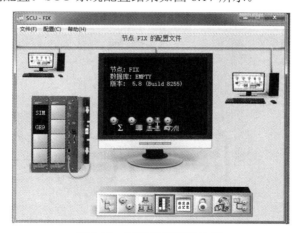

图 6.17 SCU 系统配置结果

6.5 iFIX 组态设计

iFIX 组态设计包括建立数据库和在工作台中建立组态画面两个步骤。

1. 建立数据库

打开"数据库管理器"窗口及"加载空文件"的具体步骤详见项目 1。

建立仪表温度和仪表压力的数据标签。双击数据库空文件中的任意单元格,打开"选择数据块类型"对话框。根据分析可知,温度和压力采集值均为模拟量输入,所以选择 AI(模拟量输入标签)。单击"AI",打开"模拟量输入"对话框,建立仪表温度标签"TT_101",其中基本菜单中驱动器选择"GE9",I/O 地址应与 PAC 中的一致为"PLC1:R407",高级菜单中勾选"允许输出"。

添加完成后数据库如图 6.18 所示。

	标签名	类	描述	扫描时	I/O	I/O地址	当前值
1	PT_101	AI	PT_101仪表压力	1	GE9	PLC1:R408	????
2	TT_101	AI	TT_101仪表温度	1	GE9	PLC1:R407	????

图 6.18 建立数据库

完成后,最小化"数据库管理器"窗口返回到工作台。

2. 在工作台中建立组态画面

建立组态画面分为导入图片和关联数据源两大部分。

1) 导入图片

从系统树图符集文件夹中,选择添加图符,本项目需添加温度仪表盘/标尺和压力仪表盘。找到"大号仪表盘"文件夹,选择并双击,再选中两个仪表盘图片,将其拖入画面即可,如图 6.19 所示。

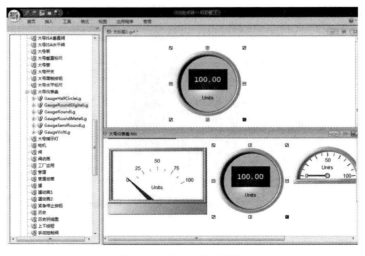

图 6.19 添加仪表盘图片

2) 关联数据源

添加两个"大号仪表盘"后双击，弹出"关联数据源"窗口(见图 6.20)，单击"数据源"项后面的"…"按钮，出现"表达式编辑器"对话框，分别找到数据源"FIX"→"TT_101"→"F_CV"和"FIX"→"PT_101"→"F_CV"进行关联。单击"确认"按钮返回，完成仪表盘数据源查找。

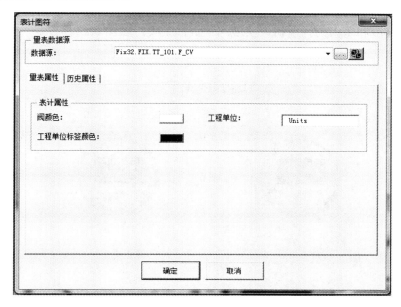

图 6.20　关联数据源窗口

3) 编辑画面添加标注

添加文字标注。调出图形工具箱，单击 **Aa** 按钮后在编辑界面内输入"压力采集值"等文字，右键单击字体后可对字体的大小进行修改，如图 6.21 所示。

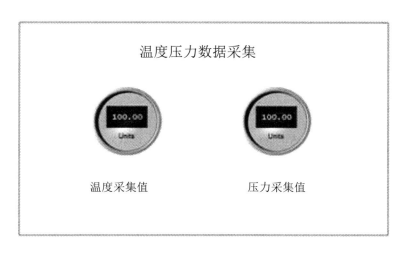

图 6.21　编辑界面

6.6 运 行 测 试

按"Ctrl＋W"键或单击"切换至运行"按钮，进入运行状态，温度仪表盘和压力仪表盘分别显示温度和压力的当前值，实现远程数据采集，如图 6.22 所示。

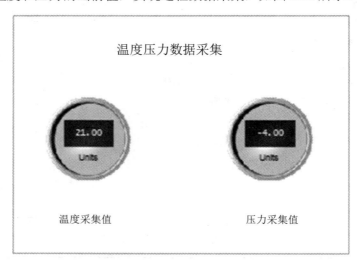

图 6.22　运行状态

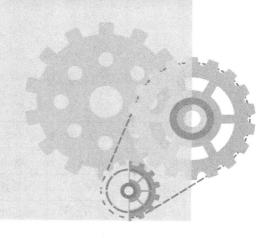

项 目 7

电机远程启停控制

本项目介绍电机远程启停控制。本项目的学习要求包括：

(1) 利用 iFIX 组态软件完成数据库构造、画面编辑、动画连接。

(2) 实现电机的远程启停控制。

7.1 开 发 流 程

iFIX 工程远程监控实现的一般过程如下：

(1) PAC 程序编写与下载调试。

(2) I/O 驱动器配置。

(3) 数据库构造。

(4) 组态画面建立。

(5) 动画连接建立。

(6) 运行与调试。

需要说明的是，以上几个步骤并不是完全独立的。创建工程时主要考虑 PAC (Programmable Automation Controller)程序、图形、数据和连接四方面。

1. PAC 程序

用户希望实现什么样的 PAC 控制功能，也就是怎样用程序来实现工业现场和相应的工控设备的控制。本项目以电机就地/远程控制为例，通过编写 PAC 程序，实现采用转换开关切换就地/远程控制模式，现场的启停按钮可以就地控制电机启停，电机的转速由 PAC 程序预先设定或由变频器就地设定。iFIX 画面上的开关可以远程控制电机启停，通过画面上的转速设定输入框可以远程设定电机转速，通过指示灯可以观察电机的运行状态。因此，首先要明确 PAC 中各变量的 I/O 地址，表 7.1 为 I/O 地址分配表。

表 7.1　I/O 地址分配

输　入　点　表			输　出　点　表		
名　称	变量名	地　址	名　称	变量名	地　址
转换开关	YC	%I00109	控制字	KONGZHIZI	%AQ0015
就地启动按钮	BUTTON3	%I00107	速度字	PINLV	%AQ0016
就地停止按钮	BUTTON4	%I00108	指示灯	LED2	%Q00106
远程启动开关	START	%I00203	电机 1 转速	ZHUANSU	%R00302
远程停止开关	STOP	%I00204			
自动模式设定	MOSHI1	%I00200			
手动模式设定	MOSHI2	%I00201			

注：本项目采用变频调速、故速度字中给定的是频率值。

异步电动机采用变频器控制，变频器控制参数设置如表 7.2 所示。

表 7.2　变频器控制参数设置表

类　型	地　址	功　能	参　数
控制字	%AQ0015	初始化	1142
		启动	1151
		停止	1150
速度字	%AQ0016	正转	正值
		反转	负值

2. 图形

用户希望得到什么样的图形画面，也就是怎样用抽象的画面来模拟实际的工业现场和相应的工控设备。本项目以电机就地/远程控制为例，通过画面上的开关可以远程控制电机运行，通过指示灯可以观察电机的运行状态。电机远程启停监控画面如图 7.1 所示。

3. 数据

本项目需创建一个具体的数据库，此数据库中的变量反映工控对象的各种属性，如温度、压力、运行状态等。以电机自动/手动控制为例，分别创建标签名为"MOSHI1"和"MOSHI2"来控制启用自动或手动模式，创建标签名为"START"和"STOP"来远程控制电机的运行状态，创建标签名为"LED2"的数字量数据来反映指示灯的断开、闭合状态，创建标签名为"ZHUANSU"的模拟量数据来设定电机的转速。数据标签分配见表 7.3。

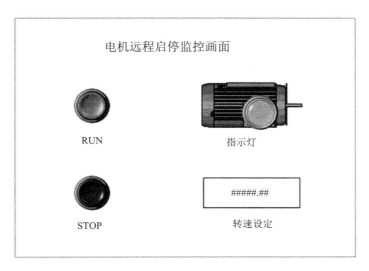

图 7.1　电机远程启停监控画面

表 7.3　数据标签分配

标签名	数据类型	扫描时间/s	I/O 设备	I/O 地址
LED2	DI	1	GE9	PLC1:Q106
MOSHI1	DO	1	GE9	PLC1:I200
MOSHI2	DO	1	GE9	PLC1:I201
START	DO	1	GE9	PLC1:I203
STOP	DO	1	GE9	PLC1:I204
ZHUANSU	AR	1	GE9	PLC1:R302

4. 连接

数据和图形画面中的图素的连接关系是什么，也就是画面上的图素以什么样的动画来模拟现场设备的运行以及如何让操作者输入控制设备的指令。本项目以电机自动控制为例，"自动模式"按钮添加动画"关闭数字量标签 MOSHI1"，即在标签地址 PLC1:I200 中写 1。

7.2　编写并下载 PAC 程序

在 PME 中编写并下载 PAC 程序的步骤如下：

(1) 双击"_MAIN"打开主程序，编写程序，如图 7.2 所示。

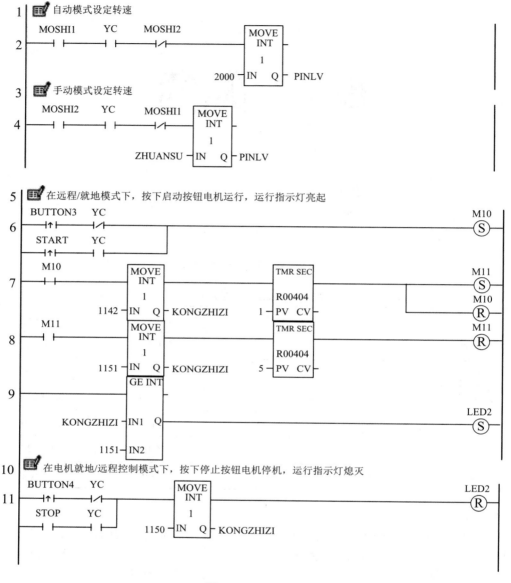

图 7.2　PAC 程序

(2) 编译、下载、调试及备份程序。

7.3　安装及配置 GE9 驱动器

安装及配置 GE9 驱动器界面如图 7.3 所示，详细步骤在项目 6 中已介绍，此处不赘述。

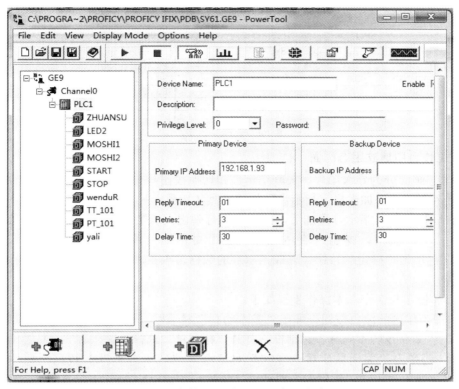

图 7.3　安装及配置 GE9 驱动器界面

7.4　数据采集接口设计

iFIX 系统通过 GE9 驱动器将 PAC 数据采集到过程数据库中，因内部协议为网络协议，故服务器与 PAC 之间采用 RJ45 网络接口进行连接。

7.5　iFIX 组态设计

iFIX 组态设计分为建立数据库和在工作台中建立组态画面两大步。

1．建立数据库

数据库建立的具体步骤详见项目 1。

添加完成后数据库，右键单击任意单元格选择"刷新"，数据库中"当前值"一列由"？？？？？"变为"OPEN"或"CLOSE"，"ZHUANSU"一行"当前值"变为"1,000.00"，如图 7.4 所示。完成后，最小化"数据库管理器"窗口返回到工作台。

	标签名	类	描述	扫描时	I/O	I/O地址	当前值
1	LED2	DI	电动机运行指示灯	1	GE9	PLC1:Q106	OPEN
2	STOP	DO	远程停止按钮	-----	GE9	PLC1:I204	CLOSE
3	START	DO	远程启动按钮	-----	GE9	PLC1:I203	OPEN
4	MOSHI2	DO	手动模式	-----	GE9	PLC1:I201	CLOSE
5	ZHUANSU	AR	电动机转速	-----	GE9	PLC1:R302	1,000.00
6	MOSHI1	DO	自动模式	-----	GE9	PLC1:I200	OPEN
7							
8							

图 7.4　数据库建立

2. 在工作台中建立组态画面

建立组态画面分为导入图片、关联指示灯和切换按钮开关三大部分。

(1) 导入图片,添加电机、指示灯和按钮的具体步骤详见项目 1。

(2) 关联指示灯。指示灯添加后,双击指示灯弹出关联数据源窗口,单击"数据源"项后面的"..."按钮,弹出"表达式编辑器"对话框,单击"FIX"→"LED2"→"F_CV",再单击"确定"按钮,完成指示灯的数据源查找,最后单击"确定"按钮,完成数据源关联。

(3) 添加按钮与命令脚本操作步骤如下:

① 双击工作区的绿色按钮,弹出"基本动画"对话框,首先单击"命令"项中的 ↘| 按钮,弹出"多命令脚本向导"对话框,打开下拉菜单,选择"关闭数字量标签专家"选项,系统自动弹出"关闭数字量点专家"对话框,然后单击"FIX 数据库标签"后的"..."按钮,弹出"表达式编辑器"对话框,依次单击"FIX"→"START"→"F_CV"后,再单击"确定"按钮,系统返回到"关闭数字量点专家"对话框,最后单击"确定"按钮。

② 再次打开绿色按钮的"基本动画"对话框,首先单击"命令"项中的↘按钮,弹出"多命令脚本向导"对话框,然后打开下拉菜单,选择"打开数字量标签专家"选项,系统自动弹出"打开数字量点专家"对话框,然后单击"FIX 数据库标签"后的"..."按钮,弹出"表达式编辑器"对话框,依次单击"FIX"→"STOP"→"F_CV"后,再单击"确定"按钮,系统返回到"打开数字量点专家"对话框,最后单击"确定"按钮。

③ 双击工作区的红色按钮,弹出"基本动画"对话框,选择"关闭数字量标签专家"选项,重复步骤①,②,数据源关联"FIX"→"STOP"→"F_CV"。

④ 再次打开红色按钮的"基本动画"对话框,选择"打开数字量标签专家"选项,重复步骤①,②,数据源关联"FIX"→"START"→"F_CV"。

(4) "模式"按钮添加与命令脚本操作步骤如下:

① 双击工作区的"自动模式"按钮,弹出"基本动画"对话框,选择"关闭数字量标签专家"选项,重复步骤(3)按钮添加与命令脚本,数据源关联"FIX"→"MOSHI1"→"F_CV"。

② 再次打开"自动模式"按钮的"基本动画"对话框,选择"打开数字量标签专家"选项,重复步骤(3)按钮添加与命令脚本,数据源关联"FIX"→"MOSHI2"→"F_CV"。

③ 双击工作区的"手动模式"按钮,弹出"基本动画"对话框,选择"关闭数字量

标签专家"选项，重复步骤(3)按钮添加与命令脚本，数据源关联"FIX"→"MOSHI2"→"F_CV"。

④ 再次打开"手动模式"按钮的"基本动画"对话框，选择"打开数字量标签专家"选项，重复步骤(3)按钮添加与命令脚本，数据源关联"FIX"→"MOSHI1"→"F_CV"。

(5) 速度字的给定与显示操作步骤如下：

① 远程控制时，采用"数据输入专家"将转速数据输入速度字寄存器，添加一个矩形框，选中矩形框后，选择工具菜单中的"数据输入专家"。弹出选择数据输入方法对话框，数据源关联"FIX"→"ZHUANSU"→"F_CV"，在数据输入方法中选择"数字/字母输入项"，完成转速数据输入框的设置，如图 7.5 所示。

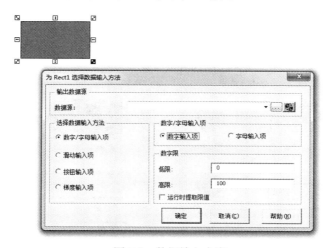

图 7.5　数据输入专家

② 在转速设定框中，采用"数据连接戳"显示当前转速，数据源关联"FIX"→"ZHUANSU"→"F_CV"。

(6) 编辑画面添加标题操作步骤如下：

① 添加标题"电机远程启停监控画面"。调出图形工具箱，单击 **Aa** 按钮后在编辑界面内输入"电机远程启停监控画面"，右键单击字体后可对字体的大小进行修改。

② 在绿色按钮、红色按钮和指示灯下分别添加文字"RUN""STOP"和"指示灯"。

③ 在转速设定框下添加文字"转速设定"，如图 7.6 所示。

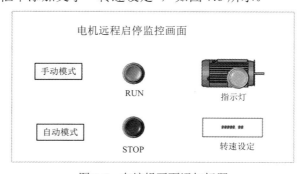

图 7.6　在编辑画面添加标题

7.6 运 行 测 试

按下变频器"LOC REM"按钮，将变频器切换到远程控制模式；转换开关切换到远程控制端。按"Ctrl + W"键或单击"切换至运行"按钮，进入运行状态。在转速设定框中设定电机转速为 3000 r/min，如图 7.7 所示。单击界面中的"RUN"按钮(相当于按下启动按钮)，"LED2"指示灯亮(代表电机运行)，运行状态如图 7.8 所示；单击"STOP"按钮(相当于按下停止按钮)，"LED2"指示灯灭(代表电机停止)，运行状态如图 7.9 所示。

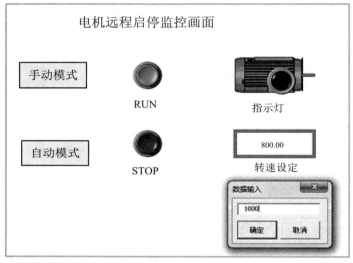

图 7.7　转速设定状态

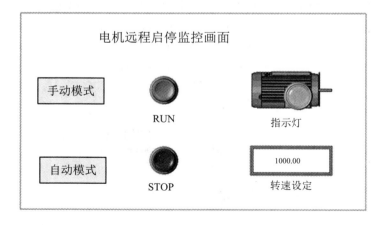

图 7.8　运行状态

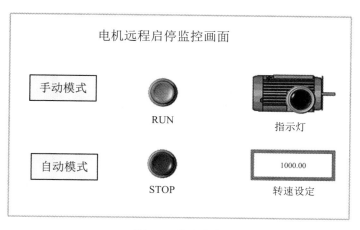

图 7.9　停止状态

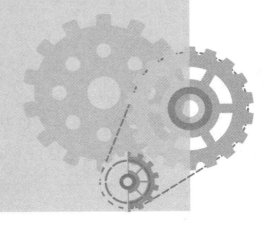

项 目 8

报 警 管 理

本项目介绍报警管理。本项目的学习要求包括：

(1) 使用报警管理功能，包括触发报警、确认报警及消除报警等，模拟环境温度和压力超限报警事件。

(2) 处理报警事项并恢复系统正常。

报警管理功能包括两方面：① 报警指的是块的状态，表示块值已超过预先设定的限值。② 报警需要确认和恢复。

8.1 开 发 流 程

本项目的具体开发流程如下：

(1) PAC 中 I/O 地址分配。本任务通过 PAC 采集温度和压力变送器传送的温度和压力模拟量值，并模拟其超限报警事件，因此首先要明确 PAC 中温度和压力模拟量的 I/O 地址，表 8.1 为 I/O 地址分配表。

表 8.1 I/O 地址分配

输 入 点 表			中 间 变 量		
名　称	变量名	地址	名　称	变量名	地址
温度采集值	wenduR	%AI1325	温度显示值	wenduT2	%R00407
压力采集值	yali	%AI1327	压力显示值	yaliP	%R00408

(2) 本任务需要在 GE9 驱动器配置的基础上建立。

(3) 根据报警点表(表 8.2)所示，在过程数据库中添加模拟量输入标签并创建报警策略。

表 8.2　报 警 点 表

标签名	数据类型	点描述	告警限值
TT_101	AI	仪表温度	高限：25℃
PT_101	AI	仪表压力	低限：5 kPa；高限：30 kPa

(4) 在画面中添加动画对象并为其添加数据连接。

8.2　SCU 系统配置报警策略

在配置 SCU 系统报警策略之前，在 PME 中编写并下载 PAC 程序、安装及配置 GE9 驱动器和 SCU 系统配置 GE9 驱动器的步骤详见项目 6。

在项目 6 温度和压力的数据采集基础上进行超限报警，需要配置 SCU 报警策略，具体配置方法如下：

(1) 在 "SCU→配置→路径"(见图 8.1)中，为每台计算机设置报警路径，在报警区域数据库中为报警区域命名，将报警和消息设置为默认格式。

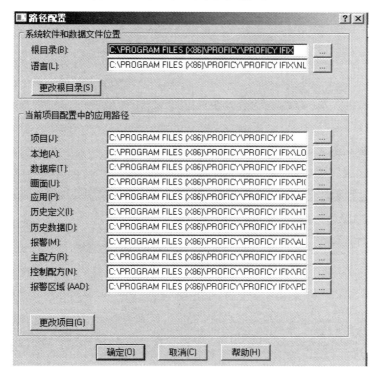

图 8.1　报警路径设置

(2) 给操作员配方消息分配报警区域，在 SCADA 区域中配置数据库块如图 8.2 所示。

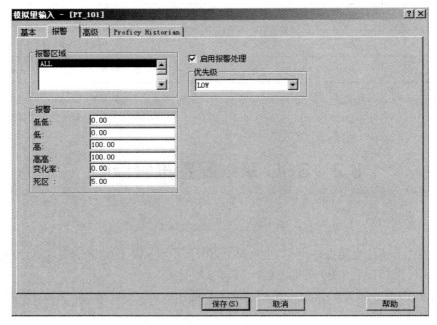

图 8.2　报警配置

(3) 双击 "ALL"，选择 ALL　　　　　，进行报警区域设置。

(4) 报警区域设置如图 8.3 所示。

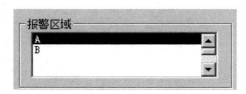

图 8.3　报警区域设置

(5) 双击报警区域 A 进行修改，可以选为 A-P，如图 8.4 所示。在图 8.5 所示对话框中中选择报警处理优先级。

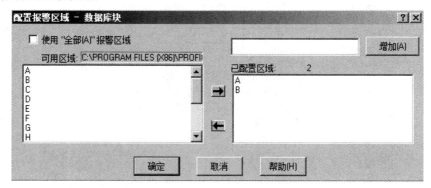

图 8.4　报警区域修改

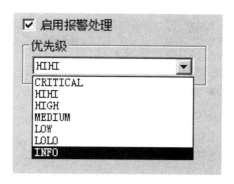

图 8.5　报警处理优先级选择

(6) 报警上下限设置如图 8.6 所示。

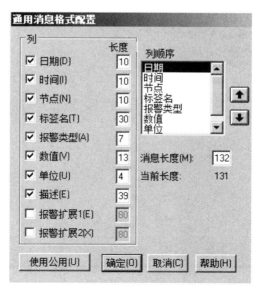

图 8.6　报警上下限设置

(7) 单击打开 应用程序 ，从 SCU 中选择配置，打开报警，选择 高级(A) 中的 公共格式(F) ，单击报警格式设置，打开图 8.7 所示的"通用消息格式配置"对话框，选择默认设置。

图 8.7　报警格式设置

(8) 在新建的画面中，插入 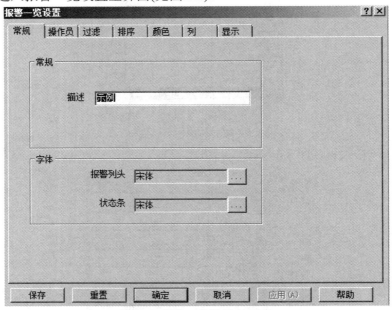，右击"报警一栏表"选择"属性(P)...报警一览控件对象(D)"进入报警一览设置主界面(见图8.8)。

图 8.8　报警一览设置主界面

(9) 选择"操作员"标签(见图8.9)进行修改，完成后单击"确定"。

图 8.9　报警一览设置"操作员"标签界面

(10) 选择"显示"标签(见图8.10)进行修改。

图 8.10 报警一览设置"显示"标签界面

(11) 报警确认,在报警一览表(见图 8.11)中双击报警信息。

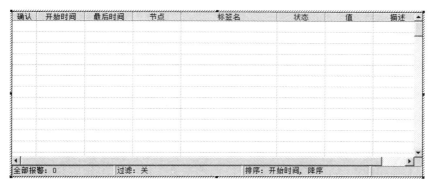

图 8.11 报警一览表

8.3 iFIX 组态设计

iFIX 组态设计包括建立数据库和设置报警查询界面两大步。

1. 建立数据库

(1) 参照报警点表,对每一个报警点的限值进行设定。

(2) 单击 数据库管理器 进入过程数据库组态界面(见图 8.12),在已经搭建好的过程数据点中找到报警点表的中的点,如 PT_101。

	标签名	类	描述	扫描时	I/O	I/O地址	当前值
1	PT_101	AI	PT_101仪表压力	1	GE9	PLC1:R408	????
2	TT_101	AI	TT_101仪表温度	1	GE9	PLC1:R407	????

图 8.12 报警点

(3) 双击"PT_101",进入报警设置界面,将 PT_101 报警限值区域中报警低限设置为 5.00,高限为 30.00,如图 8.13 所示。

图 8.13 报警设置界面

(4) 勾选"启用报警处理"功能,优先级选择 HIGH ,单击"保存"即可。

2. 设置报警查询界面

(1) 单击工具箱中的 🔍 报警一览按钮,调出报警控件,如图 8.14 所示。

图 8.14 调出报警控件

(2) 插入对象▢按钮图标，添加一个报警确认按钮。

(3) 右键单击按钮图标，选择编辑脚本选项，按照图 8.15 所示的程序添加确认报警脚本程序。

```
Private Sub CommandButton1 Click()
    AlarmSummaryOCX1.AckAllAlarms
End Sub
```

图 8.15　报警脚本程序

(4) 脚本含义为确认报警一览控件中所有未确认的报警。如需要确认某一项报警，可以双击报警条目单独确认。

8.4　运 行 测 试

运行测试的具体步骤如下：

(1) 进入工作台，单击启动按钮⚑。查看报警一览画面，画面报警控件显示开启报警数据点的报警状态，如图 8.16 所示。

	确认	开始时间	最后时间	节点	标签名	状态	值	描述
12	✓	09:23:52.15	09:23:52.15	FIX	VFD1_TZ	COMM		1#变频器跳闸（状态）
13	✓	09:23:52.15	09:23:52.15	FIX	VFD1_RE_ON	COMM		1#变频器准备运行（状态）
14	✓	09:23:52.15	09:23:52.15	FIX	VFD1_RE_GD	COMM		1#变频器准备给定（状态）
15	✓	09:23:52.15	09:23:52.15	FIX	VFD1_AL	COMM		1#变频器警告（状态）
16	✓	09:23:52.15	09:23:52.15	FIX	PT_101_CU	COMM		PT_101仪表压力电流
17	✓	09:23:52.15	09:23:52.15	FIX	PT_101_FR	COMM		PT_101仪表压力表采集频
18	✓	09:23:52.15	09:23:52.15	FIX	VFD2_VO	COMM		2#变频器转矩
19	✓	09:23:52.15	09:23:52.15	FIX	VFD2_SP	COMM		2#变频器转速
20	✓	09:23:52.15	09:23:52.15	FIX	VFD2_PO	COMM		2#变频器输出电压
21	✓	09:23:52.14	09:23:52.14	FIX	VFD2_GL	COMM		2#变频器功率
22	✓	09:23:52.14	09:23:52.14	FIX	VFD2_CU	COMM		2#变频器电流
23	✓	09:23:52.14	09:23:52.14	FIX	VFD1_VO	COMM		1#变频器转矩
24	✓	09:23:52.14	09:23:52.14	FIX	VFD1_SP	COMM		1#变频器转速
25	✓	09:23:52.14	09:23:52.14	FIX	VFD1_PO	COMM		1#变频器输出电压
26	✓	09:23:52.14	09:23:52.14	FIX	VFD1_GL	COMM		1#变频器功率
27		09:23:52.14	09:23:52.14	FIX	VFD1_CU	COMM		1#变频器电流
28		09:23:52.14	09:23:52.14	FIX	TT_101	COMM		TT_101仪表温度
29		09:23:52.14	09:23:52.14	FIX	SER1_SP	COMM		伺服绝对位置（SP）
30		09:23:52.14	09:23:52.14	FIX	PT_101_HL	COMM		PT_101仪表压力上限
31		09:23:52.14	09:23:52.14	FIX	SER1_IVO	COMM		伺服瞬时实际速度（IVO）
32		09:23:52.14	09:23:52.14	FIX	SER1_IV1	COMM		伺服瞬时给定速度（IV1）
33		09:23:52.14	09:23:52.14	FIX	SER1_IU	COMM		伺服瞬时母线电压（IU）
34		09:23:52.13	09:23:52.13	FIX	SER1_IT	COMM		伺服瞬时驱动器温度（IT
35		09:23:52.13	09:23:52.13	FIX	SER1_ID	COMM		伺服相对位置（ID）
36		09:23:52.13	09:23:52.13	FIX	SER1_EP	COMM		伺服编码器位置（EP）
37		09:23:52.13	09:23:52.13	FIX	PT_101_LL	COMM		PT_101仪表压力下限

图 8.16　报警状态

(2) 双击页面中的某行条目，可以确认此条报警信息，确认后的报警信息在条目前端会出现"√"。单击 ▢报警确认▢ 按钮可以一键确认全部报警信息。

项目 9

调度的使用

本项目介绍调度的使用。本项目的学习要求包括：使用调度功能触发规定的动作、指令或程序等。

当某些调度所设定的动作、指令或程序达到设定要求后，就会被触发，以一种方式运行。因此，可以利用调度进行规定条件的 iFIX 进程，例如每隔 5 min 在 iFIX 画面中显示系统时间或当某一变量数值达到一定值时打开某一画面等。

调度分为两类：基于时间的调度和基于事件的调度。调度是 iFIX 工作台的一部分，与系统树中的画面同级别，是 iFIX 工作台的一种对象。

调度有两种运行方式：后台执行和前台执行。后台执行方式不需要 iFIX 工作台处于运行模式，但前台运行方式要求 iFIX 在运行模式。一般情况下，在进行开发调试时，调度以前台方式运行；而在用户使用时，调度在后台运行。

9.1 基于时间的调度

基于时间的调度功能是：让"yuan"画面每隔 1 min 显示一次显示后关闭，实现循环。设计步骤如下：

(1) 在桌面上双击 iFIX 按钮打开 iFIX 工作台。

(2) 在工作台中利用画图工具任意画一矩形并按"Ctrl + S"组合键，弹出"另存为"对话框，在文件名中输入"juxing"并按 Enter 键保存。再利用工具箱中的"创建画面向导"按钮创建一命名为"yuan"的画面，整体画面如图 9.1 所示。

(3) 右键单击左侧树形菜单栏中的"调度"按钮，在列表中选择"新建调度"。在弹出的对话框中选择"基于时间项"，并双击弹出窗口中的空单元格处，出现增加定时器调度项。设置触发类型和时间，如图 9.2 所示。

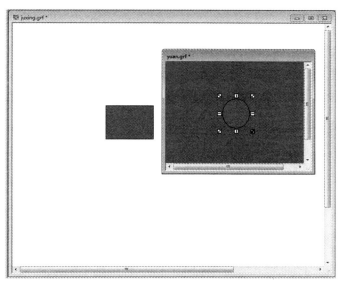

图 9.1　整体画面

图 9.2　触发类型和时间设置

(4) 单击"运行专家"按钮，出现多命令脚本向导，在"选择要附加的动作"一栏中选择"打开画面专家"选项，弹出对话框如图 9.3 所示。

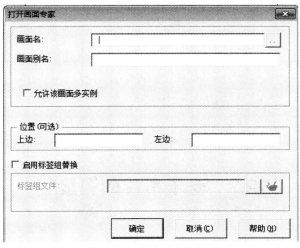

图 9.3　打开画面专家设置

(5) 单击上方的 □ 按钮，在弹出的路径窗口中选择刚才创建的"yuan"画面，单击"打开"按钮，再单击"确定"按钮，建立如图 9.4 所示的基于时间的调度。随后按"Ctrl + S"组合键，在出现的"另存为"对话框的文件名栏中填入"diaodu"并按Enter 键。

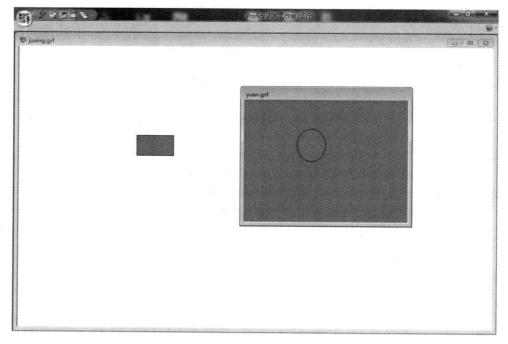

图 9.4　基于时间的调度

(6) 打开"juxing"画面后运行。基于时间的调度执行如图 9.5 所示。

图 9.5　基于时间的调度执行

9.2　基于事件的调度

基于事件的调度功能是：当模拟量 YC1_1 不为零时灯闪烁。设计步骤如下：

(1) 在"数据库管理器"中创建一个标签为 YC1_1 的模拟量点,并勾选"允许输出"选项,如图 9.6 所示。

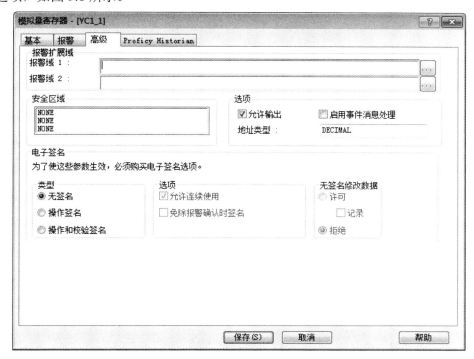

图 9.6　模拟量寄存器高级设置

(2) 建立一个标签名为 YX1_5 的数字量点,在高级选项中选择"允许输出"选项后单击"保存"。如图 9.7 所示。

图 9.7　数字量寄存器高级设置

(3) 在图符集中选择一个指示灯，并按图 9.8 所示设置指示灯类型等。

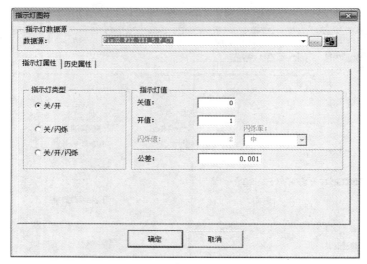

图 9.8　数字量寄存器高级设置

(4) 单击工具箱中的"数据连接戳"按钮 品，设定连接参数如图 9.9 所示。

将数据连接戳放到指示灯下，单击"数值输入专家"按钮 ，设置数据输入方法如图 9.10 所示。

图 9.9　数据连接设置

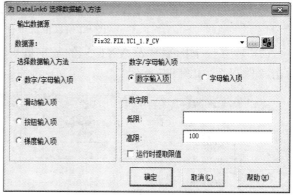

图 9.10　数值输入专家

(5) 右键单击左侧树形菜单栏中的"调度"按钮，在列表中选择"新建调度"。在弹出的窗口中选择"基于事件项"，并双击图中空白单元格处，如图 9.11 所示，随后在弹出的窗口中设定数据源参数。

图 9.11　增加事件调度项

确定后，建立如图 9.12 所示的基于事件的调度。再按"Ctrl+S"组合键，在出现的

"另存为"对话框的文件名栏中填入"diaodu1"并按 Enter 键。

F	名称	表达式	事件类型	间隔	操作	描述
1	FixEvent1	Fix32.FIX.YC1_1.F_(	为真时 ▼	N/A	切换数字量标签	

图 9.12　基于事件的调度

(6) 单击 运行专家(E) ，选择"切换数字量标签"选项，按照图 9.13 设置参数并单击"确定"按钮。

图 9.13　切换数字量点专家

(7) 双击打开"juxing"画面并运行，在运行环境中单击数据戳改变其值，会发现当其值不为零(为真)时红灯闪烁，且可在调度表中查看调度参数。

注：以上两例调度须确保前台方式运行不能关闭，若关闭则调度无效。

9.3　调度的后台执行方式

设置调度的后台执行方式的目的是：让调度运行于后台单独执行。设置步骤如下：

(1) 双击 系统配置应用 按钮，在弹出的对话框中单击配置选项，在其下拉列表出现时按键盘上的"T"键，在弹出的窗口中单击"…"按钮，在弹出的对话框中单击 FixBackgroundServer ，并单击"打开"按钮，随后单击"添加"按钮并选择"后台方式"选项，然后单击"确定"按钮并保存。

(2) 右击 diaodu ，在其下拉列表中单击"调度程序属性"选项，打开如图 9.14 所示的属性设置对话框，选择"后台运行"选项并单击"确定"按钮，在弹出的窗口中单击"是"按钮。

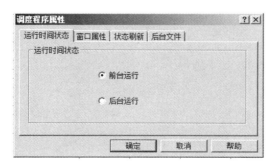

图 9.14　调度属性设置

（3）在设置中单击"用户首选项"按钮，弹出"用户首选项"对话框，如图 9.15 所示。在"常规"选项卡中勾选相应项，再单击"后台运行"选项卡，设定要启动的调度，后台运行设置如图 9.16 所示，单击"确定"按钮保存。

图 9.15　用户首选项设置

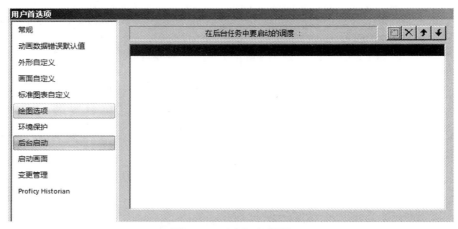

图 9.16　后台运行设置

重新打开 iFIX 会发现，iFIXbackground.exe 在后台运行，即使在 iFIX 工作台中关闭调度画面，调度也仍然有效。

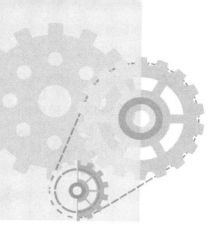

项 目 10

数据显示与报表

本项目介绍数据显示与报表。iFIX 过程数据库的数据可以用图表实时显示，保存的历史数据也可以用图表显示。本项目任务为历史数据采集及存储、检索、浏览查询等；创建图表对象，创建报表，报表显示，报表生成，报表执行等。本项目的项目要求包括：

(1) 熟练运用 iFIX 过程数据库，建立各种数据点。

(2) 熟练使用 Proficy Historian 历史数据库并掌握与 iFIX 连接的配置方法。

(3) 熟知报表、趋势、报警及事件等功能与历史数据库的关系。

10.1 配置 GE9 驱动

配置 GE9 驱动的具体步骤如下：

(1) 配置 GE9 驱动(见图 10.1)，以 PLC 程序点表为依据定义 GE9 驱动数据类型及地址区间。

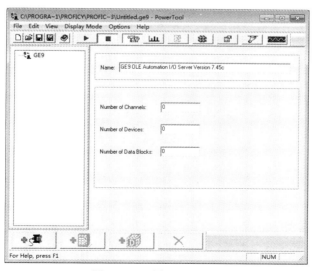

图 10.1 配置 GE9 驱动

（2）打开 iFIX 软件单击"应用程序"选项，选择"数据库管理器"进入系统过程数据库组态编辑界面。

（3）双击表格空白处弹出数据块类型选择界面，选择需要新建的数据块类型，单击"确定"按钮，如图 10.2 所示。

图 10.2　数据块类型选择界面

（4）在弹出的窗口中键入"标签名""描述""工程单位"并选择"驱动器"和"I/O 地址"，驱动器选择"GE9 驱动"，地址则根据点表设置为 PLC 内对应数据的点表地址，完成全部信息填写后单击"确定"按钮。数据寄存器"基本"设置界面如图 10.3 所示。

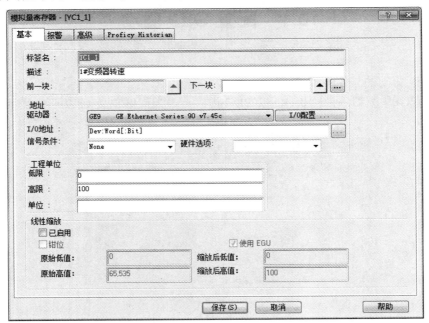

图 10.3　数据寄存器"基本"设置界面

（5）完成所有数据点的组建后，单击"保存"按钮进行存储，同时单击"导出"按钮进行数据库备份。如果数据点数量过大不便在数据库中逐一组建，也可以在导出的 SCV 文件中进行批量编辑，完成后通过导入功能批量导入到数据库中。

10.2 历史数据点表

过程数据库是 iFIX 的核心，它从硬件中获取或向硬件发送过程数据。过程数据库由标签(块)组成，数据库标签(块)是独立单元，可以接收、检查、处理并输出过程值。当过程数据库与历史数据库关联时，不是所有过程数据库中的数据点都需要保存历史数据。因此需要根据工程实际情况将需要存储历史的数据点筛选出来汇总成历史数据点表(见图10.4)，用于 Historian 历史数据库导入。

	A	B	C	D
	数据类型	标签名	点描述	历史存储类型
	AI	SER1_IC	伺服瞬时电流（IC）	1%变化存储
	AI	SER1_IT	伺服瞬时驱动器温度（IT）	1%变化存储
	AI	SER1_IU	伺服瞬时母线电压（IU）	1%变化存储
	AI	TT_101	TT_101仪表温度	60S循环存储
	AI	VFD1_CU	1#变频器电流	60S循环存储
	AI	VFD1_PO	1#变频器输出电压	60S循环存储

图 10.4 历史数据点表

10.3 历史数据库设计

自带历史数据库设计分为历史数据的定义、采集和存储三个阶段。

1. 历史数据的定义

在历史定义界面(见图 10.5)中，历史数据的定义选择"8 小时文件"(上午 9 点到晚上5 点开始)，自动删除旧的数据文件选择"60 天"。

图 10.5 历史定义

2. 历史数据的采集

在"历史定义"界面，单击"已配置的历史采集组下的空白行"，设置历史数据定义的采集组。在图 10.6 所示历史数据的采集中，各数据选择如下：

节点选择本地节点"SCADA"，周期选择"10 s"；相位选择 0 s，限定标签(设置采集命令标签数字量)选择 DI_1，标签名(输入用户想要采集的标签浮点数当前值)键入 PT_101.F_CV，限值默认为 0.500000，前后采集变化值。

图 10.6 历史数据的采集

历史数据采集用于历史定义中的指定数据，在图 10.7 所示的任务控制对话框中开始采集历史数据。

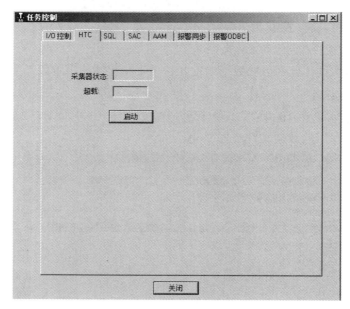

图 10.7 任务控制对话框

在 SCU 任务列表中加入 HTC.EXE，设置该任务为后台任务。关闭 iFIX 历史数据自动停止。

3. 历史文件的存储

采集的历史数据存储在 SCU 预先设定的历史数据目录内。

10.4　Historian **历史数据库设计**

Historian 历史数据库设计的具体步骤如下：

(1) 以管理员权限登录 Windows。确保没有 Historian 或 Proficy 进程正在运行，关闭任何正在运行的其他程序。

(2) 将 Historian DVD 插入 DVD 驱动器，出现 Historian 安装界面，如图 10.8 所示。

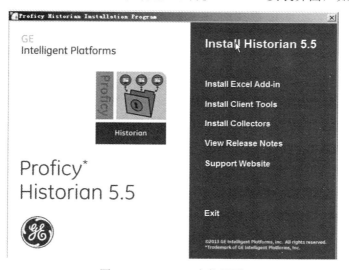

图 10.8　Historian 安装界面

(3) 单击"安装 Historian"链接。安装程序开始运行并出现"等待安装"界面，如图 10.9 所示。

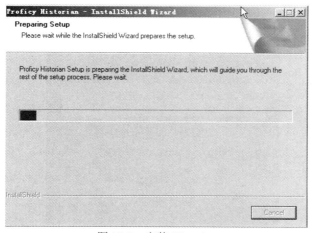

图 10.9　安装 Historian

(4) 安装程序开始运行并出现"欢迎"界面，如图 10.10 所示。单击"Next"继续。

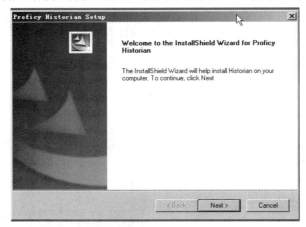

图 10.10 "欢迎"界面

(5) 出现"授权协议的条款"界面，如图 10.11 所示，如果想继续，单击"Yes"。

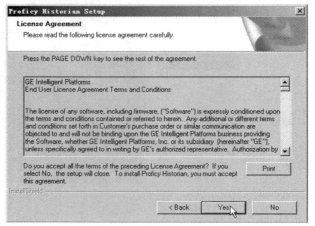

图 10.11 "授权协议的条款"界面

(6) 出现选择类型界面，如图 10.12 所示，选择"Single Server"，单击"Next"，下一步设置密码。

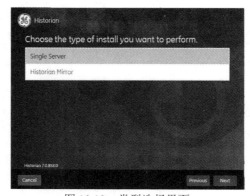

图 10.12 类型选择界面

(7) 出现图 10.13 所示的界面，选择"No"，然后单击"Next"。

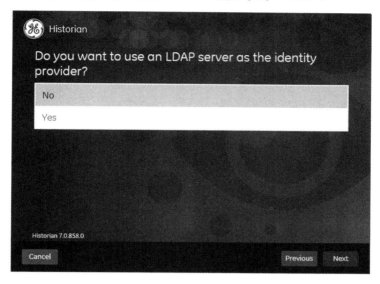

图 10.13　确认界面

(8) 选择安装选项，进入图 10.14 所示的"安装"选项界面，选择以下选项：

· Historian Server；

· Historian Administrator；

· Historian Excel Add-in 64 bit；

· Historian Documentation & help；

然后单击"Next"选项完成操作。

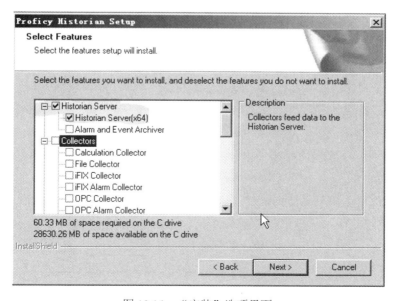

图 10.14　"安装"选项界面

(9) 出现 "Proficy Historian 自动配置 Windows 防火墙" 界面，如图 10.15 所示，选择 "Yes"，单击 "Next" 继续。

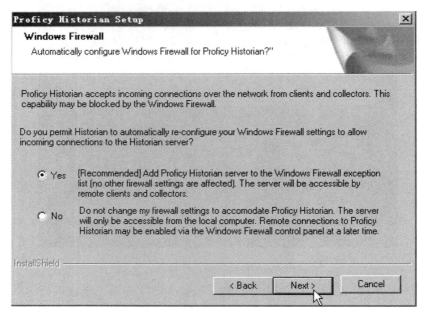

图 10.15 "Proficy Historian 自动配置 Windows 防火墙" 界面

(10) "Historian Server 连接安全" 界面如图 10.16 所示，单击 "All Users"，单击 "Next" 继续。

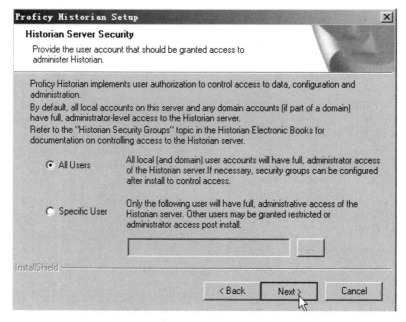

图 10.16 "Historian Server 连接安全" 界面

(11) "程序路径"界面如图 10.17 所示,保留默认路径,或单击"浏览"选择其他文件夹。单击"Next"继续。

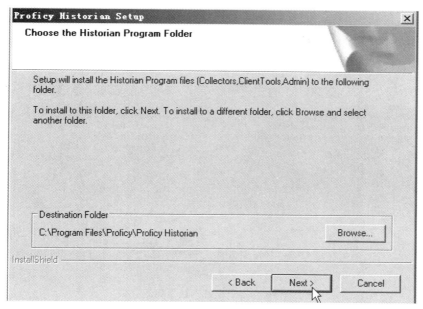

图 10.17　"程序路径"界面

(12) "数据的存储路径"界面如图 10.18 所示,保留默认路径,或单击"浏览"选择其他文件夹。单击"Next"继续。

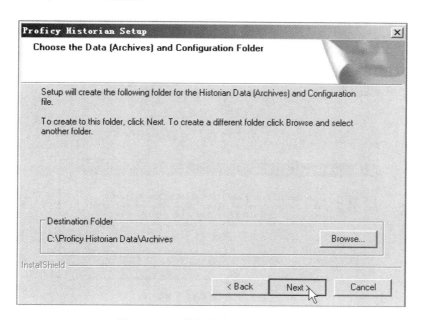

图 10.18　"数据的存储路径"窗口

(13) 出现"配置确认"窗口(见图 10.19),如果无疑问,单击"Next"继续。

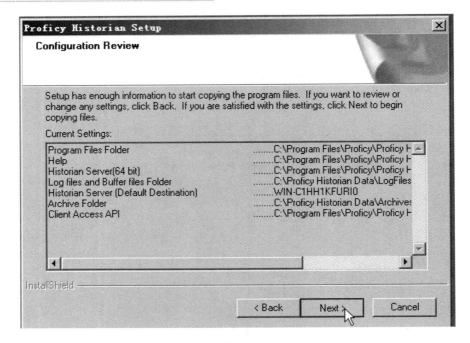

图 10.19　"配置确认"界面

(14) 当对话框(见图 10.20)询问是否启动 Historian 服务时，单击"是"继续。

图 10.20　对话框

(15) 显示"安装完成"对话框(见图 10.21)，选择"确定"继续。

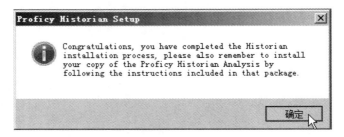

图 10.21　"安装完成"对话框

(16) 如图 10.22 所示重启计算机，然后单击"完成"。

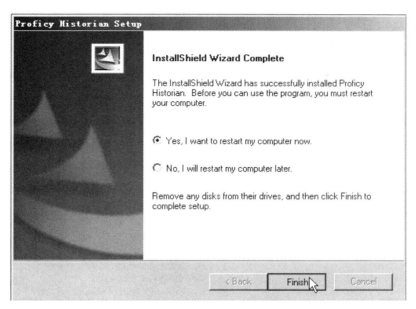

图 10.22　"重启"界面

(17) 重新启动计算机。当计算机重启时，用相同的用户名登录 Windows(具有管理员权限)。

(18) 安装完成后启动 iFIX 软件，在 SCU 文件中打开 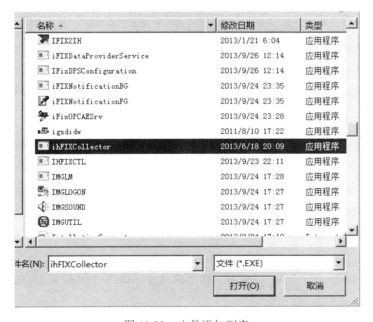，找到图 10.23 中所示的文件添加到列表中，如图 10.24 所示，运行方式选择后台运行，保存后退出。

图 10.23　文件添加列表

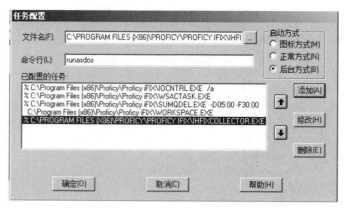

图 10.24 任务配置

(19) 进入"服务"，将图 10.25 中的服务全部启动。

function Discovery Resource Publication	发布该计算机以及连接到该计算机…		手动	本地服务
Group Policy Client	该服务负责通过组策略组件应用…	已启动	自动	本地系统
Health Key and Certificate Management	为网络访问保护代理 (NAPAgent)…		手动	本地系统
Helper Service for Proficy Licensing	Helps to manage Proficy Lice…	已启动	自动	本地系统
Historian Archive Ingestion			手动	本地系统
Historian Data Archiver (x64)		已启动	自动	本地系统
Historian Simulation Collector		已启动	自动	本地系统
Human Interface Device Access	启用对智能界面设备 (HID) 的通…	已启动	手动	本地系统
IKE and AuthIP IPsec Keying Modules	IKEEXT 服务托管 Internet 密…		手动	本地系统

图 10.25 "服务"启动

单击 Historian Administrator，单击 Main 进行登录，如图 10.26 所示，用户名密码系统默认。

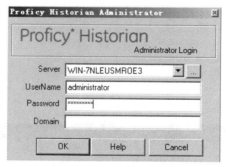

图 10.26 登录界面

(20) 登录成功后单击"Refresh"，即可看到 iFIX 采集器；如果列表中没有，可打开 Start iFIX Collector，如图 10.27 所示，按 Enter 键刷新，重新启动。

Collector	Status	Computer	Report Rate	Overruns	Compression	Out Of Order	Redundancy
WIN-7NLEUSMROE3_iFIX	Running	WIN-7NLEUSMROE3	0	0.0%	%	0	
WIN-7NLEUSMROE3_Simulation	Running	WIN-7NLEUSMROE3	1,860	0.0%	0.0%	0	

图 10.27 iFIX 采集器

(21) 单击 ，在下端的左侧选择 iFIX 采集器，右

侧选择 Configuration ，打开图 10.28 所示的"标签选择"界面。

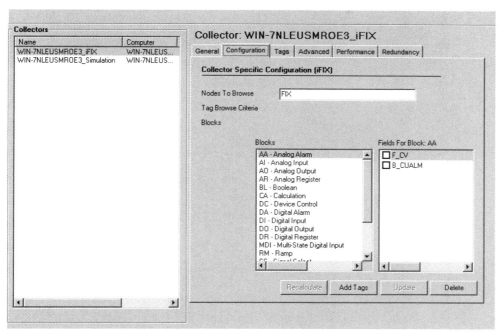

图 10.28 "标签选择"界面

在图 10.29 中数据类型选择 "AI" "AO" "DI" "DO" 等数据类型，勾选右侧的 "F_CV"，单击 "Update" 按钮。

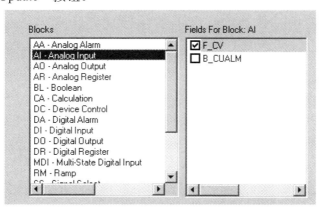

图 10.29 数据类型选择

(22) 选择 ，单击 Add Tags From Collector ，在弹出的画面中选择 iFIX 采集器

，Show Only 选择 ，然后单击 Browse ，此时

过程数据库中的所有数据点会全部刷新出来，如图 10.30 所示，点选需要的标签名即可。

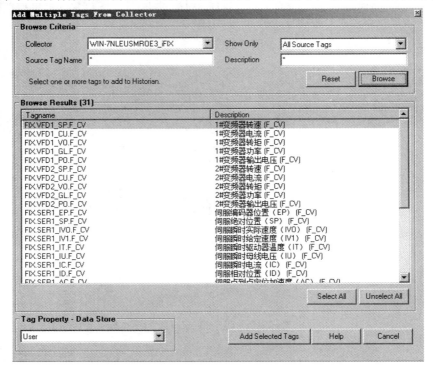

图 10.30　添加标签

10.5　创建图表对象

创建图表对象的具体步骤如下：

(1) 在主页面选择"插入"对应的"标准图"，如图 10.31 所示。

图 10.31　插入"标准图"

(2) 建立标准图如图 10.32 所示。

(3) 在"常规"选项卡(见图 10.33)中设置标准图属性。

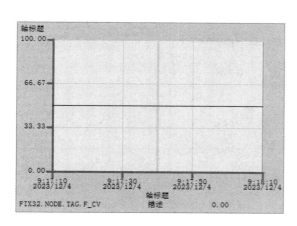

图 10.32　标准图界面

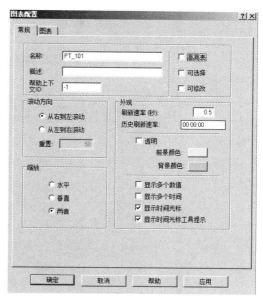

图 10.33　标准图属性设置

(4) 在"图表"选项卡新建并选取数据源，如图 10.34 所示，数据源的采集选为平均模式 历史模式: 平均 。

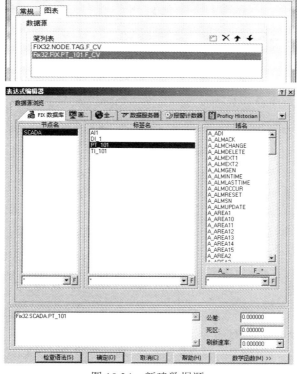

图 10.34　新建数据源

(5) 用"图表"选项卡来定义数据属性。在图 10.35 所示选项卡中选取 PT_101 的数据存储点分别设置笔类型、时间范围、X 轴、Y 轴、网格类型等。

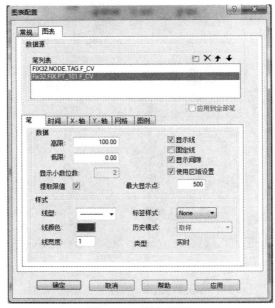

图 10.35　图表配置

注：如需修改限值，取消勾选"提取限值"。

(6) 在图 10.36 所示的选项卡中为实时数据点设置刷新速率。

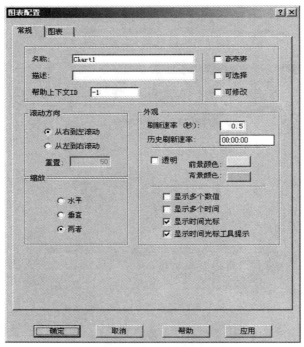

图 10.36　图表常规参数配置选项卡

(7) 在图 10.37 所示选项卡中为历史数据点设置取样间隔、时间轴。

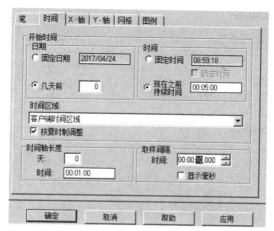

图 10.37　取样间隔和时间轴设置选项卡

(8) 按上述方法新建并设置数据源 TT_101，如图 10.38 所示。

图 10.38　新建并设置数据源 TT_101

10.6　Historian 历史数据库趋势

单击 **Tags**，选择 **Search Historian Tag Database** 按钮检索历史数据点，如图 10.39 所示，并在所要查的数据点上右击选择"Trend"项，即可查看该点的历史数据趋势曲线。

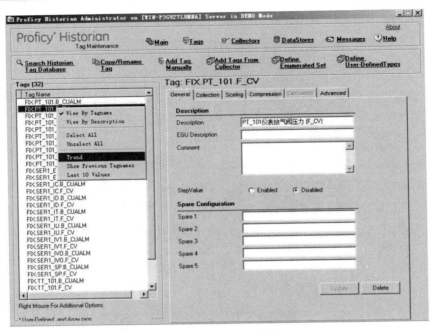

图 10.39　检索历史数据点

10.7　历史数据查询测试

按照上述方法在 Historian 历史数据库中选择要查询的数据点，选择"Trend"打开曲线监控画面。同时单击 iFIX 中的"数据库管理器"打开过程数据库，在过程数据库中修改该数据点的瞬时值来查看历史曲线(见图 10.40)是否能够成功读取和变化。

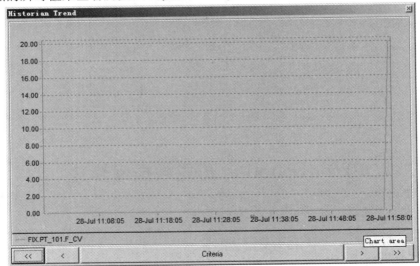

图 10.40　查看历史曲线

10.8　实时和历史数据查询测试

图表对象最有用的特性之一就是能够在同一图表中显示实时和历史数据，在 iFIX 工作台中可以显示所有的数据类型。为实现此项功能，需定义两支"笔"，一支显示历史数据，另一支显示实时数据。一旦定义"笔"的数据源后，根据数据源系统自动分配"笔"的模式，如图 10.41 所示。

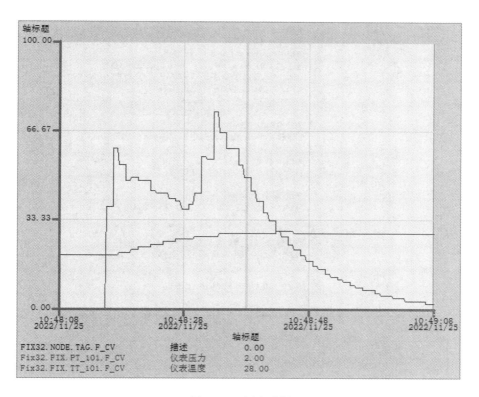

图 10.41　图表举例

10.9　用 Excel 创建报表

用 Excel 创建报表的具体步骤如下：

(1) 在单元格中引用 iFIX 数据。Excel 把 iFIX 数据当作"外部数据"。在 Excel 中，选定"数据"菜单，选择"获取外部数据"→"新建数据库查询"，利用该工具，Excel

从 ODBC 数据源获取数据，如图 10.42 和图 10.43 所示。

图 10.42　配置外部数据属性

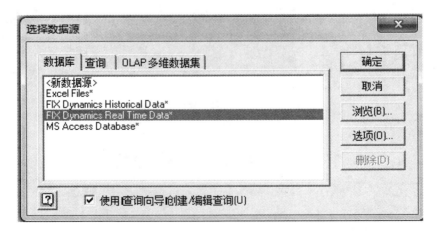

图 10.43　选择数据源

(2) 在 Excel 中配置数据。选择 iFIX Real Time data(实时数据)或 iFIX Historical Data(历

史数据)，Excel 将查询数据源并显示相应的数据项，选择需要显示的数据域，选择过滤选项(见图 10.44)和排序选项(见图 10.45)，完成(见图 10.46)后，导入数据(见图 10.47)，Excel 以电子表的形式显示查询结果，如图 10.48 所示。

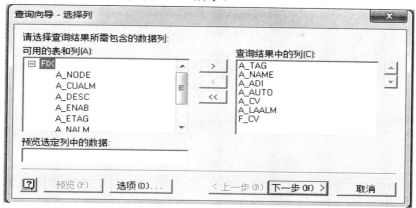

图 10.44　查询向导-选择列

图 10.45　查询向导-排序顺序

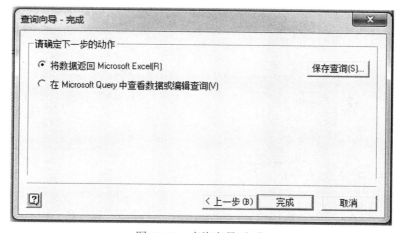

图 10.46　查询向导-完成

图 10.47　导入数据

A_TAG	A_NAME	A_ADI	A_AUTO	A_CV	A_LAALM	F_CV
PT_101	AI	NONE	AUTO	0.00	LO	0
TT_101	AI	NONE	AUTO	21.00	HI	21
ZHUANSU	AR	NONE	PAUT	30.00	OFF	30
LED2	DI	NONE	AUTO	OPEN	OK	0
MOSHI1	DO	NONE	AUTO	CLOSE	OFF	1
MOSHI2	DO	NONE	AUTO	OPEN	OFF	0
START	DO	NONE	AUTO	OPEN	OFF	0
STOP	DO	NONE	AUTO	OPEN	OFF	0

图 10.48　显示实时数据

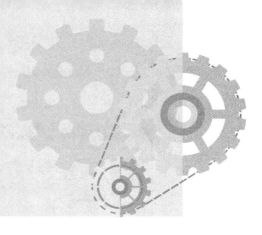

项 目 11

计算块 CA 的使用

本项目介绍计算块 CA 的使用。本项目的学习要求包括：

(1) 采用 MBE 通信仿真器 ModSIM 32 产生仿真数据。

(2) 掌握计算块 CA 的简单应用。其中，计算块 CA 进行数学计算，最多可有 8 个值参与计算。

11.1 MBE 驱动程序

MBE 驱动程序的使用步骤如下：

(1) 安装 MBE 驱动程序。

(2) 配置 MBE 驱动，如图 11.1 所示。

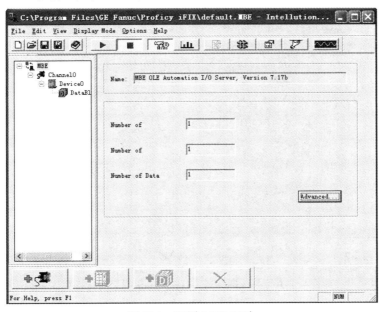

图 11.1 配置 MBE 驱动

(3) 在图 11.2 所示的选项卡中，配置通道和数据块，IP 地址为本机地址。

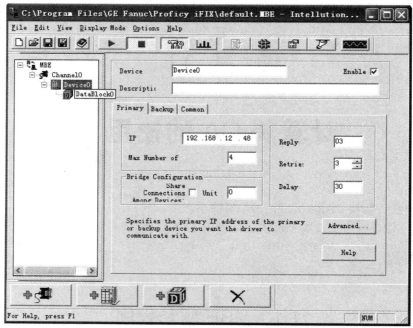

图 11.2　配置通道和数据块

(4) 设置 I/O 地址范围，不可超出范围，图 11.3 中模拟量地址为 26 个。

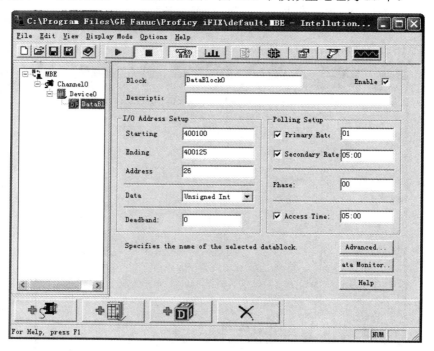

图 11.3　I/O 地址范围

11.2　建立通信连接

建立通信连接的步骤如下：

(1) 找到并打开 ModScan32，ModScan32 窗口如图 11.4 所示。

图 11.4　ModScan32 窗口

(2) 打开软件后，在图 11.5 所示的界面中单击"连接设置"，在下拉菜单中选择"连接"，弹出图 11.6 所示的"连接参数设置"界面。

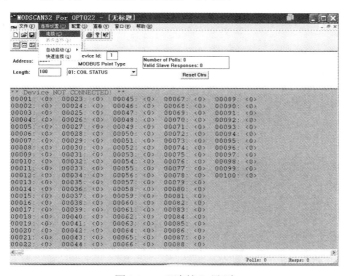

图 11.5　"连接"界面

(3) 在图 11.6 所示的界面中修改参数连接的详细信息，使用的连接选择"Remote modbusTCP Server"选项，"IP Address"填入本机的 IP 地址，"服务端口"与 ModSim32

中的设置一样，然后单击"确认"按钮。

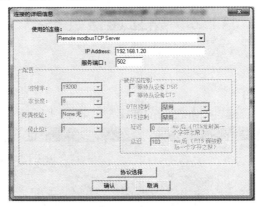

图 11.6　"connect"连接参数设置

(4) 选择并打开 ModSim32，ModSim32 窗口如图 11.7 所示。

图 11.7　ModSim32 窗口

(5) 打开后，单击"连接设置"在下拉菜单中单击"连接"，在弹出的菜单中选择"Modbus/TCP 服务器"，如图 11.8 所示。

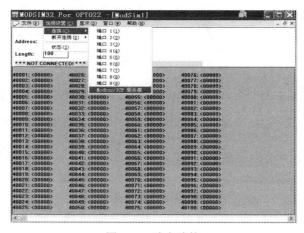

图 11.8　建立连接

(6) 将 Modbus/TCP 服务器端口设置为 502，单击"确认"按钮，如图 11.9 所示。

图 11.9　设置连接端口

(7) 确认 ModScan32 和 ModSim32 中的 Device Id、Address、MODBUS Point Type 和 Length 一致，如图 11.10 所示，则通信建立。

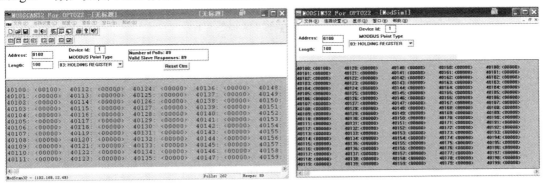

图 11.10　ModScan32 和 ModSim32 中的参数设置

(8) 如果还没有建立，重新"connect"两个软件即可，测试结果如图 11.11 所示，则表示通信已建立。

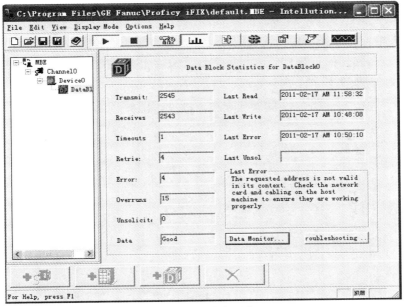

图 11.11　通信测试

11.3 建 立 标 签

建立标签的具体步骤如下：

(1) 打开 iFIX 软件单击"应用程序"选项，选择"数据库管理器"进入系统过程数据库组态编辑界面。

(2) 双击表格空白处弹出数据块类型选择界面，选择我们需要新建的数据点类型(模拟量输入 AI)，单击"确定"按钮，如图 11.12 所示。

图 11.12 数据块类型选择界面

(3) 在弹出的窗口中键入标签名 AI_01、点描述、工程单位并选择驱动程序和 I/O 地址，驱动程序选择 MBE 驱动，地址设置为 MB10:40001，完成全部信息填写后单击"确定"按钮。

(4) 双击表格空白处弹出数据块类型对话框，选择需要新建的数据点类型(CA)，单击"确定"按钮。在弹出的窗口中键入标签名 CA001、点描述，完成全部信息填写后单击"确定"按钮。如图 11.13 所示。

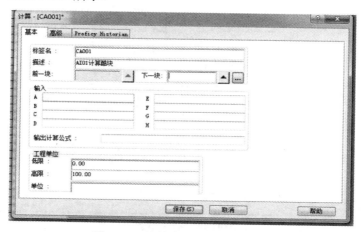

图 11.13 计算块标签新建对话框

(5) 重新打开 AI_01 标签设置窗口，在"下一块"标签后选择 打开可使用的标签列表，找到建立"CA001"计算块，选中后，单击"确定"按钮，如图 11.14 所示。

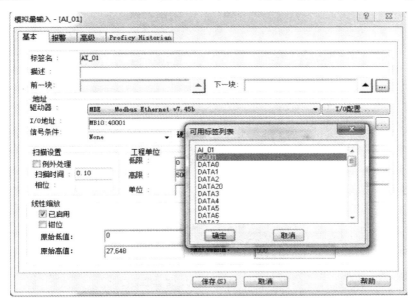

图 11.14 计算块 CA 的选择

(6) 再次打开 CA001 计算块标签设置窗口，在 CA001 块中的 B-H 中添加要进行计算的数值，在输出计算公式中添加要编辑的计算公式，(输出计算公式中不能出现数字，只能使用输入选项中的 A-H 的字母)输入完成后单击"保存"按钮，如图 11.15 所示。

图 11.15 CA 计算块的公式编辑

(7) 完成所有数据点的组建后，单击"保存"按钮进行存储，同时单击"导出"按钮进行数据库备份。如果数据点数量过大不便在数据库中逐一组建，也可以在导出的 SCV 文件中进行批量编辑，完成后通过导入功能批量导入到数据库中。

11.4 运 行 测 试

运行测试的具体步骤如下：

(1) 打开 ModSim32 编辑器，将 AI_01 对应的变量值 40001 修改为 100，如图 11.16 所示。

图 11.16 修改 AI_01 变量值

(2) 在画面中建立两个数据戳，对数据戳进行命名，并与实际变量进行连接，如图 11.17 所示。

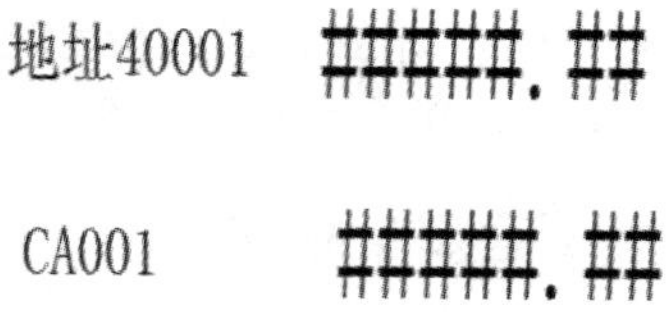

地址40001   ####. ##

CA001   ####. ##

图 11.17 建立监视变量

(3) 在 IFIX 与 PLC 或 ModSim64 连接正常的情况下，根据图 11.15 所示的参数和公式验证 CA001 块的正确性，如图 11.18 所示。

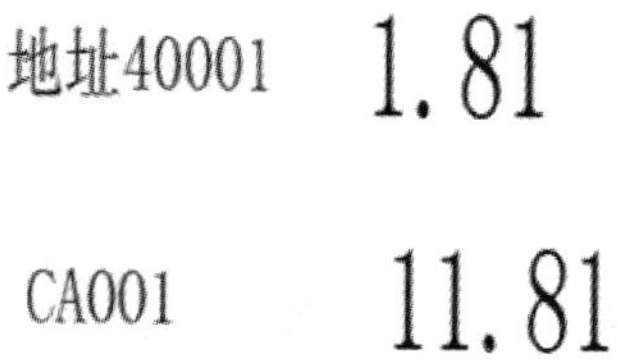

地址40001   1.81

CA001   11.81

图 11.18 CA001 的验证结果

图 11.15 输入的参数值为：

B = 1，C = 2，D = 3，E = 4，A 为 1.81

输出计算公式为

$(((A \times B) + (C \times D)) + E) = 1.81 \times 1 + 2 \times 3 + 4 = 1.81 + 6 + 4 = 1.81 + 10 = 11.81$

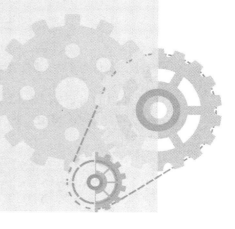

项 目 12

程序块 PG 的使用

本项目介绍程序块 PG 的使用。程序块 PG 是提供运行小段程序的有力手段，增加过程的自动程度或进行批量控制。

本项目的学习要求为：掌握程序块 PG 在语音报警中的应用。

12.1　建　立　标　签

MBE 驱动程序安装、配置及通信连接参照项目 11。

建立标签的具体步骤如下：

(1) 打开 iFIX 软件单击"应用程序"选项，选择"数据库管理器"进入系统过程数据库组态编辑界面。

(2) 双击表格空白处弹出"选择数据块类型"对话框，选择我们需要新建的数据点类型(模拟量输入 AI)，单击"确定"按钮，如图 12.1 所示。

图 12.1　数据块类型选择界面

(3) 在弹出的窗口(见图 12.2)中键入标签名、描述、工程单位并选择驱动程序和 I/O 地址，驱动程序选择 MBE 驱动，地址设置为 MB10:40002，完成全部信息填写后单击"保存"按钮。

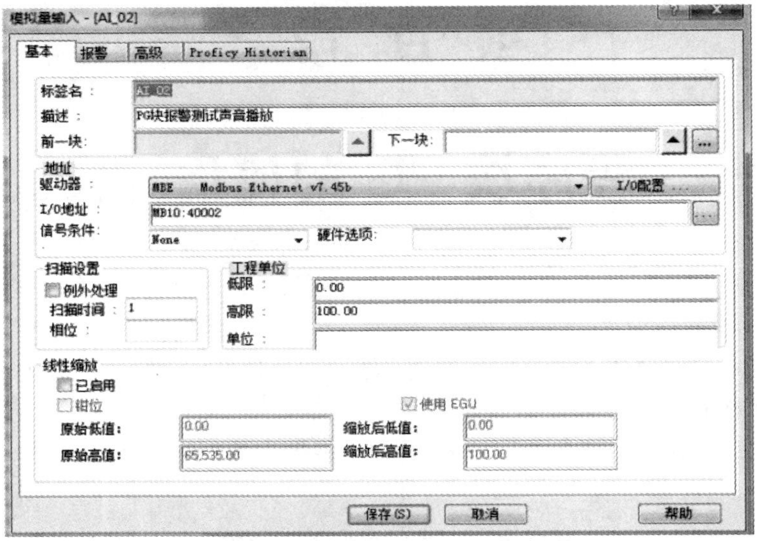

图 12.2　建立 AI_02 模拟量

(4) 设置 AI_02 模拟量报警值，设定报警值如下：

低低限：10.00；

低限：20.00；

高限：80.00；

高高限：90.00。

报警值根据实际的程序进行修改，如图 12.3 所示。

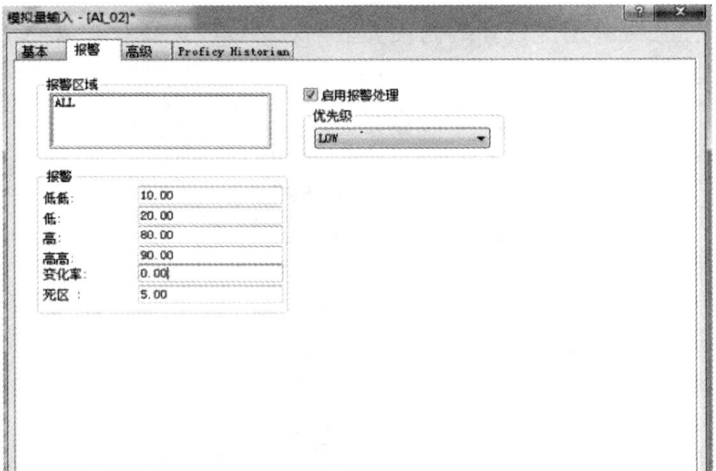

图 12.3　设置 AI_02 模拟量报警值

(5) 在过程数据库中建立程序块 PG，如图 12.4 所示。

图 12.4　过程数据库选择程序块 PG

(6) 对程序块 PG 进行命名保存，本实验中"标签名"命名为 PG001，描述中填写"报警声音播放"，如图 12.5 所示。

图 12.5　建立程序块 PG

(7) 在程序块 PG 中编辑报警程序并设置扫描时间，程序段 6 位报警文件的存放路径(依据实际路径进行填写)如图 12.6 和图 12.7 所示。

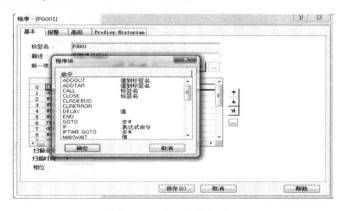

图 12.6　编写报警程序

图 12.7　简单报警程序

12.2　运 行 测 试

运行测试的具体步骤如下：

(1) 打开 ModSim64 编辑器，将 AI_02 对应的变量值 40002 修改为 100，如图 12.8 所示。

图 12.8　修改 AI_02 变量值

(2) AI_02 当前值大于 80，程序块 PG 播放报警语音。

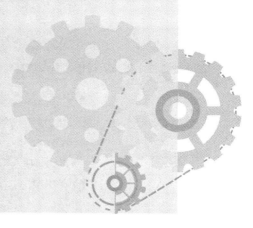

项 目 13

视频控件的使用

本项目介绍视频控件的使用。本项目的学习要求包括：

(1) 使用 Windows Media Player 控件实现视频的播放，掌握 iFIX 中视频控件的使用。

(2) 使用按钮实现视频的播放/暂停/切换功能；使用选择按钮实现视频的选择播放。

13.1 iFIX 组态设计

iFIX 组态设计的具体步骤如下：

(1) 在"工具箱"选项卡中单击插入 OLE 对象按钮 ![按钮]，如图 13.1 所示。

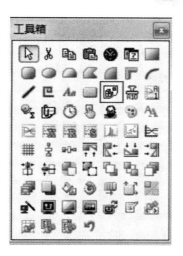

图 13.1 "工具箱"选项卡

(2) 在"插入对象"选项卡的"对象类型"中找到 Windows Media Player 控件，单击"确定"按钮。控件选择如图 13.2 所示。在画面编辑器中拖放控件至合适的大小，如图 13.3 所示。

图 13.2　控件选择

图 13.3　视频控件

(3) 使用"工具箱"选项卡的按钮添加功能，在视频控件下方添加三个相同的按钮，如图 13.4 所示，分别命名为"Play""Stop""Next"(名称可以自定义)，如图 13.5 所示。至此，按钮添加完成。

图 13.4　按钮添加

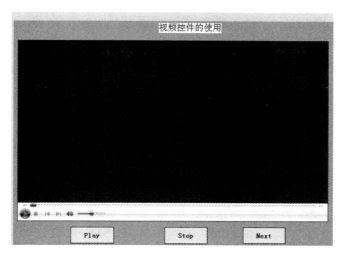

图 13.5　按钮添加完成

13.2　编　辑　脚　本

编辑脚本的具体步骤如下：

(1) 选择"Play"按钮单击右键选择"编辑脚本"，打开脚本编辑器，如图 13.6 所示。

图 13.6　打开脚本编辑器

(2) 在脚本编辑器中添加视频文件路径，本项目中视频文件的位置为 C:\Users\flh\Desktop\自动化视频\，如图 13.7 所示。

图 13.7　视频文件路径

(3) 在脚本编辑器中添加视频播放功能代码(见图 13.8)视频暂停功能代码(见图 13.9)和视频切换功能代码(见图 13.10)。

```
Dim i                                              '定义一个变量
Private Sub CommandButton1_Click()
i = 0                                              '视频播放按钮按下将将0赋值给i
With WindowsMediaPlayer1                            '调用WindowsMediaPlayer1
    .URL = "C:\Users\flh\Desktop\自动化视频\视频 (1).avi"  '通过URL指令获取播放视频(1)地址
    .controls.play                                 '调用WindowsMediaPlayer1播放视频(1)
End With
End Sub
```

图 13.8　视频播放功能代码

```
Private Sub CommandButton2_Click()    '视频暂停按钮
With WindowsMediaPlayer1              '调用WindowsMediaPlayer1
 WindowsMediaPlayer1.controls.pause   '视频暂停功能
End With                              '调用WindowsMediaPlayer1结束
End Sub
```

图 13.9　视频暂停功能代码

```
Private Sub CommandButton3_Click()
With WindowsMediaPlayer1
i = i + 1
If i = 2 Then
Text2.Caption = i
.URL = "C:\Users\flh\Desktop\自动化视频\视频 (2).avi"
.controls.play
End If
End With

With WindowsMediaPlayer1
If i = 3 Then
Text2.Caption = i
.URL = "C:\Users\flh\Desktop\自动化视频\视频 (3).avi"
.controls.play
End If
End With

With WindowsMediaPlayer1
If i = 4 Then
Text2.Caption = i
.URL = "C:\Users\flh\Desktop\自动化视频\视频 (4).avi"
.controls.play
End If
End With

With WindowsMediaPlayer1
If i = 5 Then
Text2.Caption = i
.URL = "C:\Users\flh\Desktop\自动化视频\视频 (5).avi"
.controls.play
End If
End With

With WindowsMediaPlayer1
If i = 6 Then
Text2.Caption = i
.URL = "C:\Users\flh\Desktop\自动化视频\视频 (6).avi"
.controls.play
End If
End With

With WindowsMediaPlayer1
If i >= 7 Then
i = 0
.URL = "C:\Users\flh\Desktop\自动化视频\视频 (1).avi"
.controls.play
End If
End With
End Sub
```

图 13.10　视频切换功能代码

(4) 在脚本编辑器中选择调试按钮下方的"编译画面",编译脚本程序有没有错误。脚本编译如图 13.11 所示。

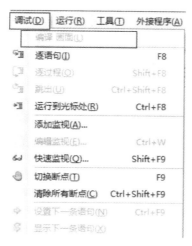

图 13.11 脚本编译

13.3 运 行 测 试

运行测试的具体步骤如下:

(1) 测试并允许 Windows Media Player 控件,播放功能测试结果如图 13.12 所示,播放暂停功能测试结果如图 13.13 所示,播放顺序切换功能测试结果如图 13.14 所示。

图 13.12 播放功能测试结果

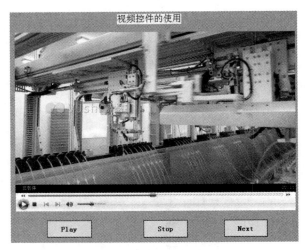

图 13.13　播放暂停功能测试结果

图 13.14　播放顺序切换功能测试结果

(2) 在工具箱中选择文本按钮 Aa，文本工具选择如图 13.15 所示，在图形编辑器中添加播放视频一到六的文本，文本添加完成，如图 13.16 所示。

图 13.15　文本工具选择　　　图 13.16　文本添加完成

(3) 单击鼠标右键选择文本文字，选择编辑脚本，添加脚本播放脚本代码如图 13.17 所示。

```
Private Sub Text3_Click()
With WindowsMediaPlayer1                                    '调用WindowsMediaPlayer1
    .URL = "C:\Users\flh\Desktop\自动化视频\视频 (1).avi"       '通过URL指令获取播放视频(1)地址
    .controls.play                                          '调用WindowsMediaPlayer1播放视频(1)
End With
End Sub
Private Sub Text4_Click()
With WindowsMediaPlayer1                                    '调用WindowsMediaPlayer1
    .URL = "C:\Users\flh\Desktop\自动化视频\视频 (2).avi"       '通过URL指令获取播放视频(1)地址
    .controls.play                                          '调用WindowsMediaPlayer1播放视频(2)
End With
End Sub
Private Sub Text5_Click()
With WindowsMediaPlayer1                                    '调用WindowsMediaPlayer1
    .URL = "C:\Users\flh\Desktop\自动化视频\视频 (3).avi"       '通过URL指令获取播放视频(1)地址
    .controls.play                                          '调用WindowsMediaPlayer1播放视频(3)
End With
End Sub
Private Sub Text6_Click()
With WindowsMediaPlayer1                                    '调用WindowsMediaPlayer1
    .URL = "C:\Users\flh\Desktop\自动化视频\视频 (4).avi"       '通过URL指令获取播放视频(1)地址
    .controls.play                                          '调用WindowsMediaPlayer1播放视频(4)
End With
End Sub
Private Sub Text7_Click()
With WindowsMediaPlayer1                                    '调用WindowsMediaPlayer1
    .URL = "C:\Users\flh\Desktop\自动化视频\视频 (5).avi"       '通过URL指令获取播放视频(1)地址
    .controls.play                                          '调用WindowsMediaPlayer1播放视频(5)
End With
End Sub
Private Sub Text8_Click()
With WindowsMediaPlayer1                                    '调用WindowsMediaPlayer1
    .URL = "C:\Users\flh\Desktop\自动化视频\视频 (6).avi"       '通过URL指令获取播放视频(1)地址
    .controls.play                                          '调用WindowsMediaPlayer1播放视频(6)
End With
End Sub
```

图 13.17　播放脚本代码

(4) 按快捷键"Ctrl + W"进行系统功能测试，如图 13.18 所示。

图 13.18　系统功能测试

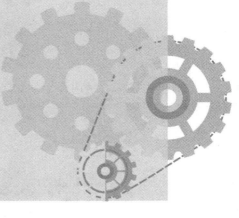

项目 14

安 全 发 布

本项目介绍安全发布。iFIX 的安全是给不同的用户分配一种或多种访问和操作的权限，是对 iFIX 工程的一种保护措施。类似 Windows XP 系统中，不同的用户有特定的操作权限。

本项目的学习要求为：

建立 iFIX 的安全，掌握安全的设定、分配，电子签名的设置，取消已有的 iFIX 安全。

14.1　安全用户设置

安全用户设置的具体步骤如下：

(1) 打开 iFIX 工作台，单击应用程序，在下拉列表里单击"安全配置"选项，弹出"安全配置"对话框，如图 14.1 所示。单击图 14.1 中的 按钮，弹出"用户账户"对话框，如图 14.2 所示。

图 14.1　"安全配置"对话框

图 14.2　"用户账户"对话框

用户账户为单个用户分配特权、登录名和密码，当定义用户账号时，所需信息包括用户全名、登录名和密码。

单击"用户账户"窗口中的"修改"按钮，弹出"用户配置文件"对话框，如图 14.3 所示，在窗口建立"WZHEN"用户。

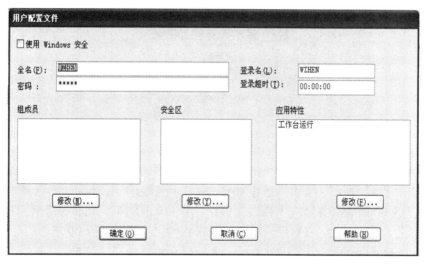

图 14.3　"用户配置文件"对话框

图 14.3 中各选项卡的含义如下：

· 全名：用户在 iFIX 里的显示名称。

· 登录名：用户登录 iFIX 需要输入或选择的名称。

· 组成员：用户(本例是"WZHEN")属于哪个具有相同权限的用户组。

· 安全区：如同把一个工厂分成几个车间，并给每个车间定义一个车间名，其中，某个车间是可以由某个用户单独管理的车间，则这个车间就是一安全区。

· 应用特性：用户(本例是"WZHEN")在 iFIX 中的权限范围，规定了用户在 iFIX 中能执行哪些操作。

· 登录超时：当用户登录达到设定时间后会自动注销，默认是永久不超时。

(2) 按"Ctrl＋C"组合键或单击"安全配置"窗口中"编辑"菜单下的"配置"选项，如图 14.4 所示，在弹出的对话框中单选"启用"选项，如图 14.5 所示。单击"确定"后发现"锁"图标锁上了，表明已开启了 iFIX 安全，"安全配置"界面如图 14.6 所示。

图 14.4　安全设置检查　　　　图 14.5　在配置对话框中单选"启用"选项

图 14.6　　"安全配置"界面上锁标记

(3) 按"Ctrl + A"组合键或在"安全配置"界面中单击"编辑"菜单项，在弹出的选项卡中单击"自动登录"选项，弹出如图 14.7 所示的"启动时自动登录"设置对话框。在图 14.7 所示对话框中单击"修改"按钮，弹出如图 14.8 所示对话框。在此窗口中配置工程节点名，也就是在 iFIX 系统树中的矩形内的名字，如图 14.9 所示。

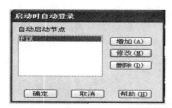

图 14.7　自动登录设置　　　图 14.8　自动登录节点设置　　图 14.9　修改系统树中节点名

选择想要自动登录的用户，本例选择"WZHEN"并确定。保存并退出"安全配置"窗口。如果不设置自动登录，iFIX 启动后无法启动工作台。

(4) 关闭 iFIX 工作台。当关闭 iFIX 时，弹出图 14.10 所示的对话框，这是因为设定的"WZHEN"只有访问工作台的权限，而没有其他权限，也就是说用户"WZHEN"只是一个访客。除了"观看"无法进行实际的操作。要想关闭 iFIX，需要打开"登录"窗口，重新登录 iFIX。在 iFIX 登录窗口的名称里输入"admin"，密码默认"admin"，单击登录，进入系统，就可以关闭 iFIX 了。这样操作后，重新启动 iFIX 就可以用"WZHEN"账户登录 iFIX 了。

图 14.10 权限受限

注：在 iFIX 中默认"admin"账户拥有最高权限，也就是说用户"admin"可以进行 iFIX 的任何可用操作。

(5) 在 iFIX 界面中设定"登录"按钮。打开 iFIX 主监控界面，在合适的位置放置"登录"按钮，脚本代码为：shell"login. exe"，保存全部。这样在运行模式中就可以单击"登录"按钮，Windows 任务栏中会出现登录界面，如图 14.11 所示，单击此项进行用户的登录及注销操作或在应用程序"安全"中选择安全登录打开登录界面。

图 14.11 登录界面

不过这种方式会破坏 iFIX 的保护功能，为了更好地保护 iFIX，建议用户自行编辑登录画面。

14.2 破解删除安全

根据需要，用户可以通过以下方式破解删除已设置的安全。

(1) 用户组安全信息文件：PCCOMPAT. UTL，删去此文件可以删除用户组安全。

(2) 用户安全信息文件：XTCOMPAT. UTL，删去此文件可以删除用户安全。

(3) 系统安全信息文件：ATCOMPAT. UTL，删去此文件可以删除系统安全。

系统安全文件是 ATCOMPAT.UTL，此文件记录是否启用安全等信息。复制 iFIX 安装目录下默认空白工程中对应文件 ATCOMPAT. UTL，可以将安全设为安装时的默认配置。

14.3 电 子 签 名

电子签名设置的具体步骤如下：

1. 设置电子签名

(1) 检查软件加密匙是否启用了电子签名。所有需要安全应用的计算机都需要电子签名选项。检查是否启用电子签名如图 14.12 所示，按照箭头指示，单击"iKeyDiag"，弹出如图 14.13 所示的对话框，选中"电子签名"复选框，即在该节点启用电子签名。

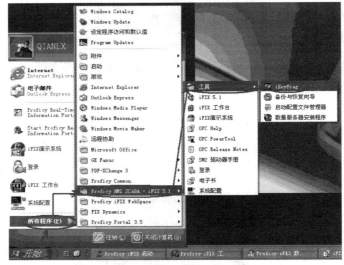

图 14.12　检查是否启用电子签名

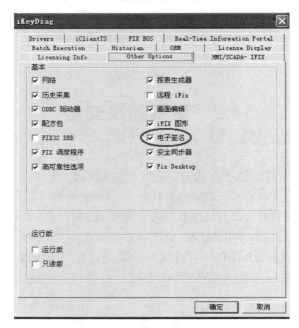

图 14.13　启用电子签名

(2) 配置 iFIX 安全。启动 iFIX 安全，创建用户和组，给用户和组分配相应的安全区，并给用户和组分配相应的应用特征，如为用户配置"电子签名-操作者"，或"电子签名-校验者"权限。在"用户账户"对话框中选中要授权的用户，双击该用户名，弹出"用户配置文件"对话框，在"全名"栏设置用户名，在"密码"栏，为该用户设置密码。同时可为该用户设置"登录名"和"登录超时"设置，如图 14.14 所示。在对话框的下部，可以修改"组成员""安全区"和"应用特性"，修改完，单击"确定"按钮即可。

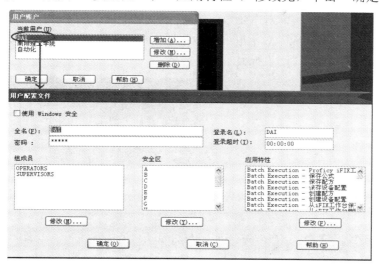

图 14.14　配置 iFIX 安全

（3）为标签配置电子签名。在数据库管理器中，打开数据库，选中需要电子签名的标签，双击该标签，弹出"标签设置"对话框，在标签配置对话框的"高级"选项卡中配置电子签名。如图 14.15 所示，选中对话框中的"高级"选项卡，"高级"选项卡中的"电子签名"栏包含三项，即类型、选项和无签名修改数据。

① 选中"无签名"表示该标签不需要电子签名，选中"操作签名"表示该标签需要电子签名但不需要校验签名，选中"操作和校验签名"表示该标签安全级别最高，既需要签名又需要校验签名。

② 选中"允许连续使用"表示该标签在操作者登录使用一次电子签名后，在一定时间内，可以不用再输入操作者用户名；选中"免除报警确认时签名"表示报警确认或手动删除报警时需要电子签名。

③ 选中"许可"表示该标签接受无签名的修改数据，同时做记录；选中"拒绝"表示该标签不接受无电子签名的修改数据。

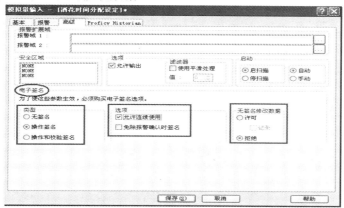

图 14.15　为标签设置电子签名

2. 运行时的电子签名

在 iFIX 监控运行界面，单击需要修改的标签，如图 14.16 所示，单击"加酒花时间设定"按钮，弹出"数据输入"对话框。在数据输入框输入数据，单击"确定"后，弹出"电子签名"对话框，如图 14.17 所示。

图 14.16　修改标签值　　　　　　　图 14.17　电子签名操作

在电子签名对话框中，"操作者"栏可以输入操作者用户名和操作者密码。在图 14.15 中为该标签设置的电子签名类型是"操作签名"，所以无须校验签名。把该标签的电子签名类型定义为"操作和校验签名"，如图 14.18 所示；运行时修改该标签值后，弹出如图 14.19 所示的对话框。与图 14.17 相比，图 14.19 的"电子签名"对话框多了"验证者"标签。该标签数值改变需要操作者电子签名确认和验证者确认，操作者确认后弹出如图 14.20 所示的对话框，这时才能输入验证者电子签名。

图 14.18　标签电子签名设置

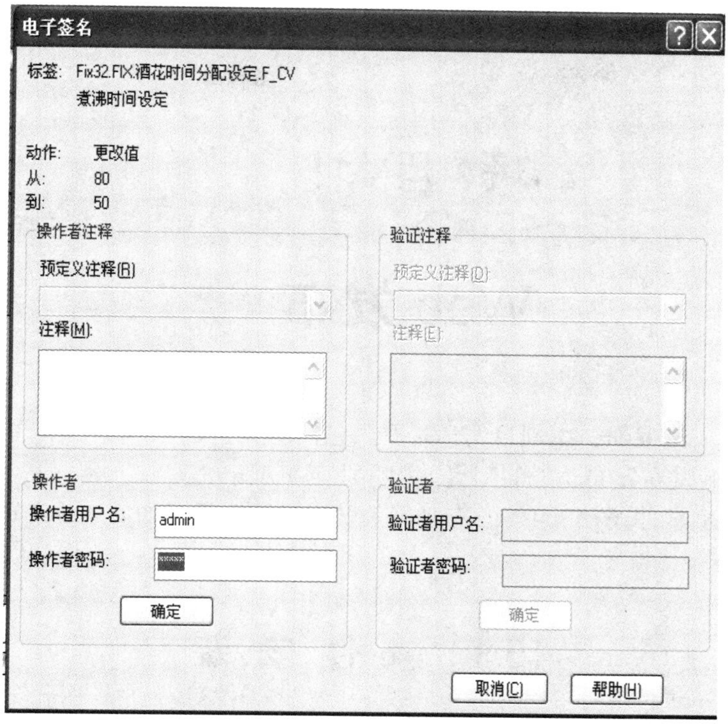

图 14.19 电子签名操作和验证

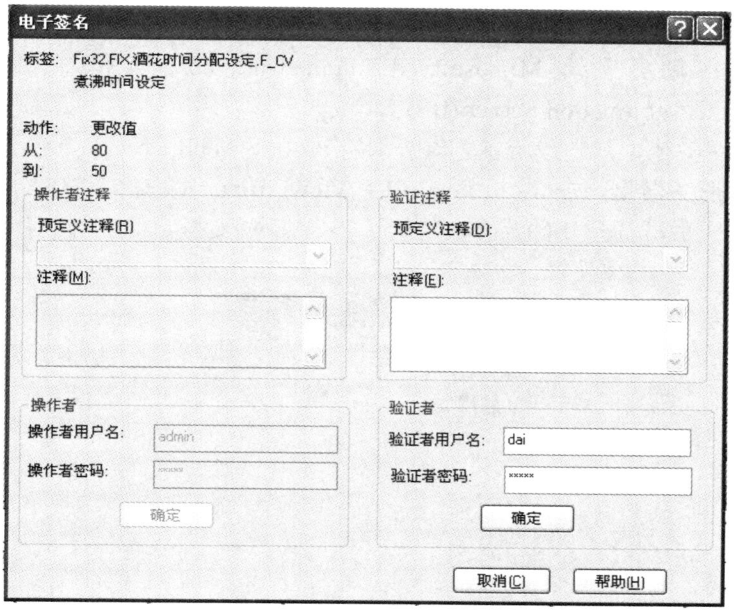

图 14.20 验证者确认

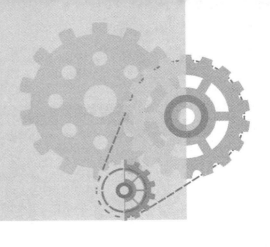

项 目 15

Web 发布

本项目介绍 Web 发布。本项目的学习要求包括：

(1) 学习 Web 发布发布功能的配置过程和注意事项。

(2) 掌握 iFIX 软件 WebSpace 发布功能的使用方法并学习如何通过浏览器对系统进行查询和管理。

15.1 软 件 安 装

软件安装的具体步骤如下：

(1) 在 SCADA 服务器上，Microsoft .NET Framework 4.5 框架下，安装 iFIX 5.8 服务器 Microsoft Internet Information Server (IIS) 7.x 或 8。

(2) 在 Web 服务器上，卸载所有之前版本的 Proficy WebSpace。

(3) 在 Web 服务器上，安装 Proficy iFIX View 节点，即安装 iFIX5.8，将其设置为客户端；安装完成后，打开 SCU 确认禁用了 SCADA 支持，即选择"Disable"按钮如图 15.1 所示。

图 15.1　禁用 SCADA 支持

(4) 在 Web 服务器上安装 iFIX5.8 补丁，如果是中文版 iFIX5.8，则安装中文版补丁；如果是英文版 iFIX5.8，则安装英文版补丁。

(5) 关闭启动时运行的 Proficy 应用程序或服务，例如，如果设置了在启动 Windows 时运行 Proficy Historian for SCADA 采集器，则使用"服务"窗口将其关闭。

(6) 确认预先安装了受支持版本的 Microsoft Internet Information Server (IIS) 或 ApacheHTTP 服务器。如果未安装，则进行安装，因为 Proficy WebSpace 安装需要这些服务器。

(7) 确保在安装前启用了 TCP/IP。在服务器上配置任何外部防火墙和软件防火墙以允许 TCP 端口 491，或者直接关闭防火墙。

(8) 以具有管理员权限的用户身份登录，开始安装 Proficy WebSpace：

① 出现"安装向导"界面，单击"下一步"按钮，如图 15.2 所示。

图 15.2 "安装向导"界面

② 弹出"许可证协议"界面，单击"下一步"按钮，如图 15.3 所示。

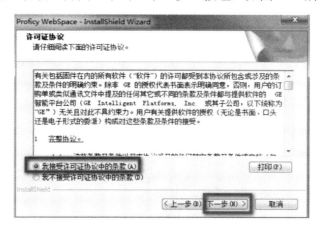

图 15.3 "许可证协议"界面

③ 弹出"安装目录"界面，更改安装路径后，单击"下一步"按钮，如图 15.4 所示。

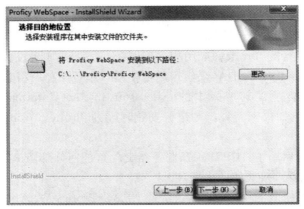

图 15.4 "安装目录"界面

④ 弹出登录对话框，输入 Windows 登录名和 Windows 登录密码后，单击"下一步"按钮，如图 15.5 所示。

图 15.5 登录对话框

⑤ 单击"安装"按钮，单击"下一步"按钮，如图 15.6 和图 15.7 所示。

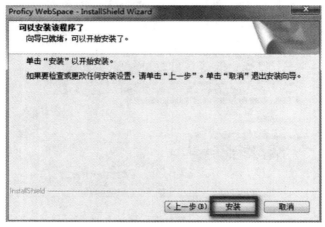

图 15.6 安装向导

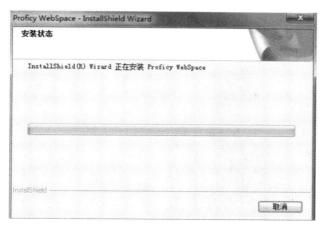

图 15.7　安装进度条

⑥ 重启计算机如图 15.8 所示。

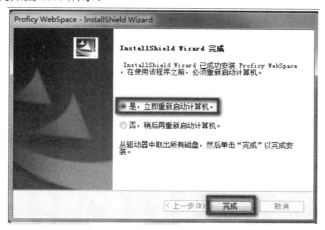

图 15.8　重启计算机

(9) 完成后重启计算机，安装完成后系统会自动创建 Web.SCU。

注意：如果在安装 Proficy WebSpace 前未安装 iFIX View 节点，则系统不会自动创建 Web.SCU，必须手动创建 Web.SCU 文件，建议先安装 iFIX View ，再安装 WebSpace。

15.2　配置 iFIX WebSpace 服务器

配置 iFIX WebSpace 服务器的具体步骤如下：

1. 配置 iFIX WebSpace Administration

(1) 在"工具"菜单中，单击"服务器选项"。此时弹出"服务器选项"对话框，单击"客户端访问"选项卡，选择"打印机"选项。输入用于 iFIX WebSpace 客户端的所需打印选项，单击"确定"，如图 15.9 所示。

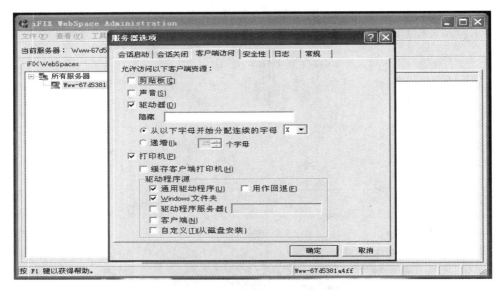

图 15.9 "服务器选项"对话框

(2) 关闭 iFIX WebSpace Administration 应用程序。

2. 配置 iFIX WebSpace 服务器 Windows

(1) 以管理员权限登录。将需要外部发布的画面拷贝到 WebSpace 服务器的 iFIXPIC 目录下，或自己创建画面，或将 SCADA 服务器中的画面映射到 WebSpace 服务器，如图 15.10 所示。

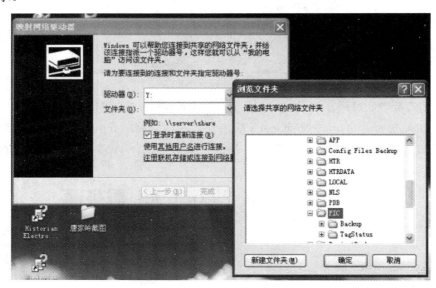

图 15.10 画面映射到 WebSpace 服务器

(2) 如果启用了 Windows 防火墙，请在 Windows 安全中心中添加 TCP 端口号 491(供 iFIX WebSpace 服务器使用)(见图 15.11)和 TCP 端口 80(供 IIS/Apache Web 服务器使用)(见图 15.12)。

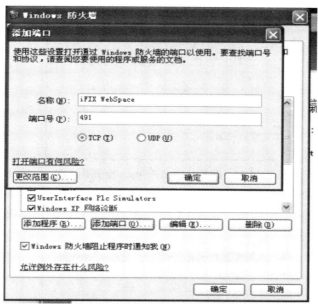

图 15.11　Windows 安全中心中添加 TCP 端口 491

图 15.12　Windows 安全中心中添加 TCP 端口 80

3. 配置 iFIX WebSpace 服务器 iFIX

(1) 以管理员权限登录 Windows 启动 iFIX。如果 SCADA 服务器的计算机名与 iFIX 节点名不同，则在安装 iFIX WebSpace 的计算机上，确保将远程 SCADA 节点名和 IP 地址添加到 hosts 文件(如图 15.13 所示)，其路径为 C:\WINDOWS\system32\drivers\etc。

图 15.13　配置 iFIX WebSpace 服务器 iFIX

（2）启动 iFIX SCU 并打开 Web.SCU 文件。在"配置"菜单上，单击"网络"。在"远程节点名"区域中，添加运行 SCADA 服务器的节点名，然后单击"确定"按钮，如图 15.14 所示。

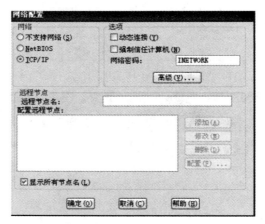

图 15.14　添加运行 SCADA 服务器节点

（3）禁用 SCADA。在"SCADA 配置"中选择"禁止"，然后单击"确定"按钮，如图 15.15 所示。

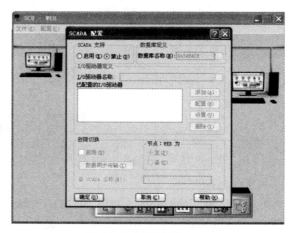

图 15.15　禁用 SCADA

(4) 在安全配置程序中，添加在 Windows 中创建的相同用户(见图 15.16)，分配权限、指定这些用户的"Windows 安全"选项，然后在 iFIX 中启用安全(见图 15.17～图 15.19)。

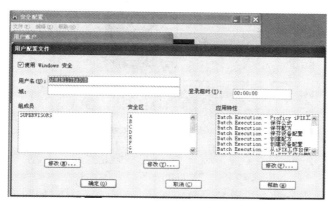

图 15.16　"Windows 安全"配置 1

图 15.17　"Windows 安全"配置 2

图 15.18　"Windows 安全"配置 3

图 15.19 "Windows 安全"配置 4

(5) 在 WebSpace 服务器上注册 SCADA 节点上应有的控件，如图 15.20 所示。

图 15.20 注册 SCADA 节点的控件

4. 配置 SCADA 服务器

(1) 确保 iFIX 没有运行。如果 iFIX 正在运行，请停止运行。启动 iFIX SCU，打开 SCADA 服务器 SCU 文件(例如，FIX.SCU)。在"配置"菜单上，单击"网络"选项卡，此时显示"网络配置"对话框(见图 15.21)。在"网络"区域中，选择"TCP/IP"，单击"确定"按钮。

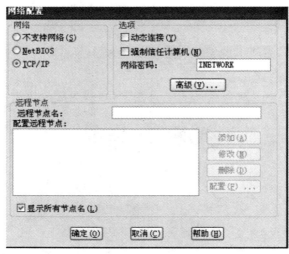

图 15.21 "网络配置"对话框

(2) 在"配置"菜单上，单击"SCADA"，此时显示"SCADA 配置"对话框。确认已启用 SCADA 支持。如果尚未启用，请选择"启用"选项，单击"确定"按钮。保存 SCU 文件，如图 15.22 所示。

图 15.22　"SCADA 配置"对话框

(3) 客户端显示。启动 Internet Explorer，在"位置"框中，键入 http://加服务器名与 iFIX WebSpace(例如，http://www-67d5381a4ff/IFIXWEBSPACE)。首次登录此页面时，出现一个消息框，单击"安装"，信任已经过数字签名的 ActiveX 控件。弹出"登录"对话框时，键入以下信息：

- 在"用户名"字段中输入网络用户名。
- 在"密码"字段中输入网络密码。
- 单击"登录"后开始连接 WebSpace 服务器，连接之后出现 iFIX 登录界面。
- 网络配置里加上 DNS，否则 iFIX 启动错误。

网络连接设置中的"Internet 协议属性"如图 15.23 所示。

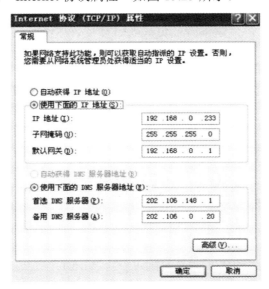

图 15.23　"Internet 协议属性"对话框

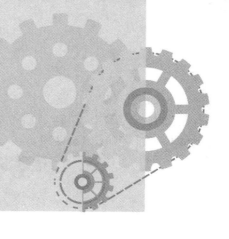

项 目 16

抢 答 器 控 制

本项目介绍抢答器控制。本项目的学习任务包括：
(1) 用 GE PAC 配套软件 PME 写出梯形图程序。
(2) 用 iFIX 软件设计可视化界面。
(3) 调试运行程序实现控制功能。

16.1　控　制　要　求

通过熟练编写 PAC 逻辑程序，实现按钮操作控制指示灯相应逻辑动作：设计一个八组抢答器，任意一组抢先按下按键后，指示灯能及时显示该组抢答成功，同时锁住抢答器，使其他组按下按键无效。抢答器有复位按钮，主持人复位后可重新抢答。

通过 iFIX 软件设计可视化界面，实现远程抢答和监控功能。

本项目开发内容包括 I/O 地址分配、电气接线、可视化界面设计、数据标签添加和运行等。

16.2　I/O 地址分配

本项目 PAC 程序中所用变量的地址分配可参考表 16.1。

表 16.1 I/O 地址分配表

输 入 点			输 出 点		
名 称	变量名	地 址	名 称	变量名	地 址
1#选手按钮	SB1	%I105	1#选手指示灯	LED1	%Q105
2#选手按钮	SB2	%I106	2#选手指示灯	LED2	%Q106
3#选手按钮	SB3	%I107	3#选手指示灯	LED3	%Q107
4#选手按钮	SB4	%I108	4#选手指示灯	LED4	%Q108
5#选手按钮	SB5	%I110	5#选手指示灯	LED5	%Q109
6#选手按钮	SB6	%I111	6#选手指示灯	LED6	%Q110
7#选手按钮	SB7	%I112	7#选手指示灯	LED7	%Q111
8#选手按钮	SB8	%I113	8#选手指示灯	LED8	%Q112
复位开关	YC	%I109			

16.3 电 气 接 线

电气接线示意如图 16.1 所示。

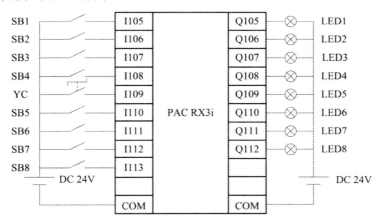

图 16.1 电气接线示意图

图中，SB1～SB8 为按钮，YC 为转换开关，LED1～LED8 为指示灯。

16.4 可视化界面设计

抢答器可视化界面如图 16.2 所示。

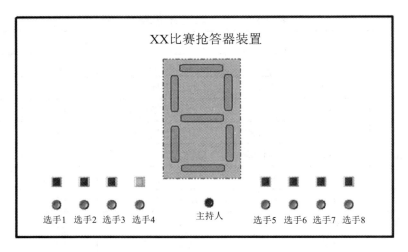

图 16.2　抢答器可视化界面

16.5　数据标签添加

数据标签分配如表 16.2 所示。

表 16.2　数据标签分配表

标签名	描　述	数据类型	扫描时间/s	I/O 设备	I/O 地址
YC_1	远程复位开关	DO	1	GE9	PLC1:I200
SB1_1	1#选手远程按钮	DO	1	GE9	PLC1:I201
SB2_1	2#选手远程按钮	DO	1	GE9	PLC1:I202
SB3_1	3#选手远程按钮	DO	1	GE9	PLC1:I203
SB4_1	4#选手远程按钮	DO	1	GE9	PLC1:I204
SB5_1	5#选手远程按钮	DO	1	GE9	PLC1:I205
SB6_1	6#选手远程按钮	DO	1	GE9	PLC1:I206
SB7_1	7#选手远程按钮	DO	1	GE9	PLC1:I207
SB8_1	8#选手远程按钮	DO	1	GE9	PLC1:I208
SMG1	数码管 a	DI	1	GE9	PLC1:Q201
SMG2	数码管 b	DI	1	GE9	PLC1:Q202
SMG3	数码管 c	DI	1	GE9	PLC1:Q203
SMG4	数码管 d	DI	1	GE9	PLC1:Q204
SMG5	数码管 e	DI	1	GE9	PLC1:Q205
SMG6	数码管 f	DI	1	GE9	PLC1:Q206
SMG7	数码管 g	DI	1	GE9	PLC1:Q207

16.6 开 发 流 程

开发流程如下：

(1) 按照硬件配置组态，编写 PAC 点表，编辑并检查逻辑程序，保证其正确。

(2) 编译、下载、调试及备份程序。

(3) 置 PLC 于运行状态，按下启动键。

(4) 设计 iFIX 可视化界面，搭建 SCADA 系统，实现控制功能要求。

(5) 配置 iFIX 数据库。

(6) iFIX 运行模式调试程序。

(7) 实验结束后，关闭电源，整理器材。

16.7 开发结果及总结

项目报告应包括以下内容：

(1) 画出硬件配置组态结构。

(2) 编写 PAC 点表。

(3) 提供梯形图程序，配以相应的文字说明。

(4) 进行 iFIX 数据库搭建。

(5) 进行可视化界面设计，配以相应的文字说明。

(6) 提供调试与运行结果。

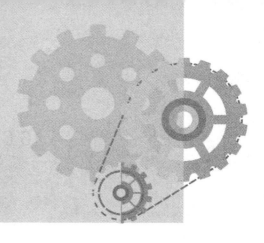

项 目 17

运料小车控制

本项目介绍运料小车控制。本项目的学习任务包括：

(1) 用 GE PAC 配套软件 PME 写出梯形图程序。

(2) 用 iFIX 软件设计可视化界面，至少包括 4 个界面：登录、总览、流程与数据采集。

(3) 调试运行程序，实现控制功能。

17.1　工 作 原 理

启动按钮 SB1 用于开启运料小车，停止按钮 SB2 用于手动停止运料小车。按 SB1 小车从原点启动，KM1 接触器吸合，小车向前运行直到碰 SQ2 开关停；KM2 接触器吸合，甲料斗装料 5 s，然后小车继续向前运行直到碰 SQ3 开关停，此时 KM3 接触器吸合使乙料斗装料 3 s，随后 KM4 接触器吸合，小车返回原点直到碰 SQ1 开关停止，KM5 接触器吸合，小车卸料 5 s 后完成一次循环。

17.2　工 作 方 式

工作方式共 3 种，具体如下：

(1) 小车连续循环与单次循环可用选择开关 YC 进行选择。

(2) 小车单次循环，按停止按钮 SB2 小车完成当前运行环节后，立即返回原点，直到碰到 SQ1 开关立即停止；当再按启动按钮 SB1 时小车重新开始运行。

(3) 连续 3 次循环后自动停止，中途按停止按钮 SB2 则小车完成一次循环后才能停止。

17.3　I/O 地址分配

I/O 地址分配如表 17.1 所示。

表 17.1　I/O 地址分配表

输 入 点			输 出 点		
名　称	变量名	地址	名　称	变量名	地址
启动	SB1	%I110	向前接触器(电机正转)	KM1	%Q105
停止	SB2	%I111	甲卸料接触器	KM2	%Q106
行程开关 1	SQ1	%I105	乙卸料接触器	KM3	%Q107
行程开关 2	SQ2	%I106	向后接触器(电机反转)	KM4	%Q108
行程开关 3	SQ3	%I107	车卸料接触器	KM5	%Q109
选择按钮	YC	%I109			

17.4　电 气 接 线

电气接线示意如图 17.1 所示。

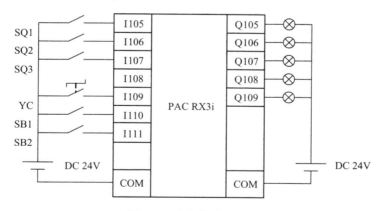

图 17.1　电气接线示意图

17.5　可视化界面设计

可视化界面如图 17.2 所示。登录总览和数据采集界面需读者自行设计。

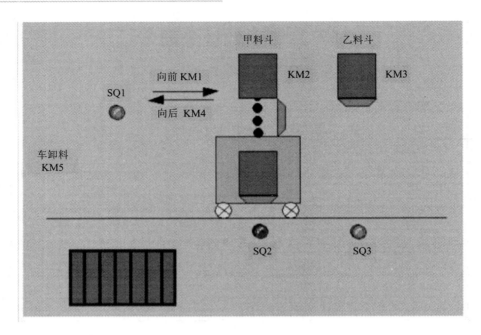

图 17.2　运料小车控制系统可视化界面

17.6　数据标签添加

数据标签分配如表 17.2 所示。

表 17.2　数据标签分配表

标签名	描　述	数据类型	扫描时间/s	I/O 设备	I/O 地址
YC_1	远程选择按钮	DO	1	GE9	PLC1:I209
SB1_1	远程启动	DO	1	GE9	PLC1:I210
SB2_1	远程停止	DO	1	GE9	PLC1:I211
SB3	行程开关 1 状态	DI	1	GE9	PLC1:I105
SB4	行程开关 2 状态	DI	1	GE9	PLC1:I106
SB5	行程开关 3 状态	DI	1	GE9	PLC1:I107
KM1	向前接触器状态	DI	1	GE9	PLC1:Q105
KM2	甲卸料接触器状态	DI	1	GE9	PLC1:Q106
KM3	乙卸料接触器状态	DI	1	GE9	PLC1:Q107
KM4	向后接触器状态	DI	1	GE9	PLC1:Q108
KM5	车卸料接触器状态	DI	1	GE9	PLC1:Q109

17.7　开 发 流 程

开发流程如下：

(1) 按照硬件配置组态，编写 PAC 点表，编辑并检查逻辑程序，保证其正确。

(2) 编译、下载、调试及备份程序。

(3) 置 PLC 于运行状态，按下启动键。

(4) 设计 iFIX 可视化界面，搭建 SCADA 系统，实现控制功能要求。

(5) 配置 iFIX 数据库。

(6) iFIX 运行模式调试程序。

(7) 实验结束后，关闭电源，整理器材。

17.8　开发结果及总结

项目报告应包括以下内容：

(1) 画出硬件配置组态结构。

(2) 编写 PAC 点表。

(3) 提供梯形图程序，配以相应的文字说明。

(4) 进行 iFIX 数据库搭建。

(5) 进行可视化界面设计，配以相应的文字说明。

(6) 提供调试与运行结果。

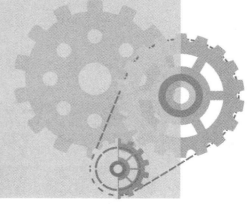

项 目 18

液体混合装置控制

本项目介绍液体混合装置控制。本项目的学习任务包括:
(1) 用 GE PAC 配套软件 PME 写出梯形图程序。
(2) 用 iFIX 软件设计可视化界面。
(3) 调试运行程序实现控制功能。

18.1 工 作 原 理

图 18.1 为两种液体混合装置。液面传感器有上、中、下水位 3 种传感器,液面淹没时接通。液体罐装有温度传感器,达到规定温度后接通。

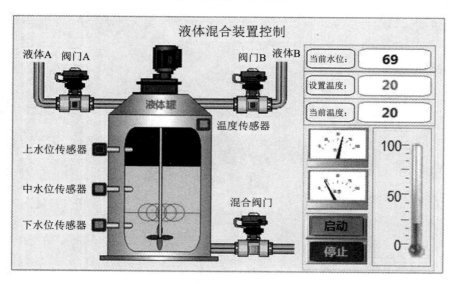

图 18.1 液体混合装置

液体 A、B 与混合液体管道上装有电磁阀门 A、B 和混合阀门，液体罐中还有搅匀电动机和加热炉，其控制要求如下：

1. 初始状态

装置投入运行时，液体 A、B 的阀门关闭，混合阀门打开一定时间(3 s)容器放空后关闭。

2. 启动操作

按下启动按钮，装置开始按照下列给定规律运转：

(1) 液体 A 的阀门打开，液体 A 流入容器，当液面到达下水位时，下水位传感器接通，关闭液体 A 的阀门，打开液体 B 的阀门。

(2) 当液面到达中水位时，中水位传感器接通，此时关闭液体 B 的阀门。搅匀电机启动，开始对液体进行搅匀。

(3) 开启加热器，当温度传感器到达设定温度(30℃)时，加热器停止加热。

(4) 通过一段时间(5 s)的延时，搅匀电机停止工作，混合液体出水阀门打开，将搅匀的液体放出。

(5) 当液面下降到上水位时，上水位传感器由接通变断开，再过 3 s 后，容器放空，混合阀门关闭，开始下一周期。

3. 停止操作

按下"停止"按钮后要将当前的混合操作处理完毕后，才停止操作(停在初始状态)。

18.2　I/O 地址分配

I/O 地址分配如表 18.1 所示。

表 18.1　I/O 地址分配表

输 入 点			输 出 点		
名　称	变量名	地　址	名　称	变量名	地　址
START 开关	SB1	%I105	液体 A 阀门 Q0.0	LED1	%Q105
STOP 开关	SB2	%I106	液体 B 阀门 Q0.1	LED2	%Q106
液面传感器 M0.2	L1	%I110	搅匀电动机 Q0.2	LED3	%Q107
液面传感器 M0.0	L2	%I111	混合液体阀门 Q0.3	LED4	%Q108
液面传感器 M0.1	L3	%I112	加热炉 Q0.4	LED5	%Q109
温度传感器 T	T	%I113			

18.3 电气接线

电气接线示意如图 18.2 所示。

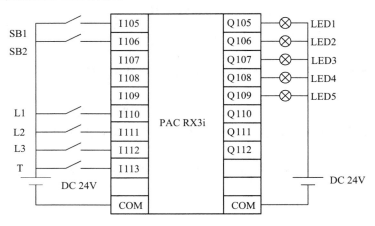

图 18.2 电气接线示意图

18.4 可视化界面设计

可视化界面如图 18.3 所示。

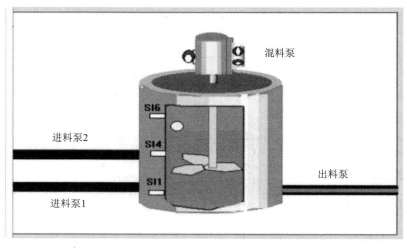

图 18.3 液体混合装置控制可视化界面参考图

18.5　数据标签添加

数据标签分配如表 18.2 所示。

表 18.2　数据标签分配表

标签名	描　　述	数据类型	扫描时间/s	I/O 设备	I/O 地址
SB1_1	远程 START 开关	DO	1	GE9	PLC1:I200
SB2_1	远程 STOP 开关	DO	1	GE9	PLC1:I201
L1	液面传感器 M0.2 状态	DI	1	GE9	PLC1:I110
L2	液面传感器 M0.0 状态	DI	1	GE9	PLC1:I111
L3	液面传感器 M0.1 状态	DI	1	GE9	PLC1:I112
T	温度传感器 T 状态	DI	1	GE9	PLC1:I113
LED1	液体 A 阀门 Q0.0 状态	DI	1	GE9	PLC1: Q105
LED2	液体 B 阀门 Q0.1 状态	DI	1	GE9	PLC1: Q106
LED3	搅匀电动机 Q0.2 状态	DI	1	GE9	PLC1:Q107
LED4	混合液体阀门 Q0.3 状态	DI	1	GE9	PLC1:Q108
LED5	加热炉 Q0.4 状态	DI	1	GE9	PLC1:Q109

18.6　开 发 流 程

开发流程如下：

(1) 按照硬件配置组态，编写 PAC 点表，编辑并检查逻辑程序，保证其正确。

(2) 编译、下载、调试及备份程序。

(3) 置 PLC 于运行状态，按下启动键。

(4) 设计 iFIX 可视化界面，搭建 SCADA 系统，实现控制功能要求。

(5) 配置 iFIX 数据库。

(6) iFIX 运行模式调试程序。

(7) 实验结束后，关闭电源，整理器材。

18.7 开发结果及总结

项目报告应包括以下内容：

(1) 画出硬件配置组态结构。

(2) 编写 PAC 点表。

(3) 提供梯形图程序，配以相应的文字说明。

(4) 进行 iFIX 数据库搭建。

(5) 进行可视化界面设计，配以相应的文字说明。

(6) 提供调试与运行结果。

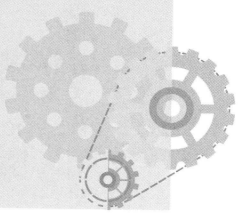

项目 19

热处理车间温/湿度采集及控制

本项目需完成热处理车间温/湿度采集及控制。本项目的学习任务包括：

(1) 用 GE PAC 配套软件 PME 写出梯形图程序。

(2) 用 iFIX 软件设计可视化界面。

(3) 调试运行程序实现控制功能。

19.1 控 制 要 求

由中央空调控制的生产车间的温度要求如下：

· 夏季温度控制在 22~26℃；

· 冬季温度控制在 18~24℃；

· 过渡季节温度在(22±4)℃；

· 湿度：车间全年控制在 30%~80%RH。

控制过程中遵循"满足要求为主、节约能源为辅"的原则。

19.2 工 作 原 理

温度传感器检测温度传送到 PLC，如果温度过低，温度超低限指示灯亮，打开加热器；如果温度过高，温度超高限指示灯亮，打开制冷器。湿度传感器检测湿度传送到 PLC，如果湿度过低，湿度超低限指示灯亮，打开加湿器；如果湿度过高，湿度超高限指示灯亮，打开除湿器。

19.3　I/O 地址分配

I/O 地址分配如表 19.1 所示。

表 19.1　I/O 地址分配表

输 入 点			输 出 点		
名　称	变量名	地　址	名　称	变量名	地　址
START 开关	SB1	%I105	温度超低限指示灯	LED1	%Q105
STOP 开关	SB2	%I106	温度超高限指示灯	LED2	%Q106
手自动切换开关	YC	%I109	湿度超低限指示灯	LED3	%Q107
手动启动加热器	SB3	%I110	湿度超高限指示灯	LED4	%Q108
手动启动制冷器	SB4	%I111	加热器	JRQ	%Q109
手动启动加湿器	SB5	%I112	制冷器	ZLQ	%Q110
手动启动除湿器	SB6	%I113	加湿器	JSQ	%Q111
温度传感器 AI1	AI1	%AI1325	除湿器	CSQ	%Q112
湿度传感器 AI2	AI2	%AI1327			

19.4　电 气 接 线

电气接线示意如图 19.1 所示。

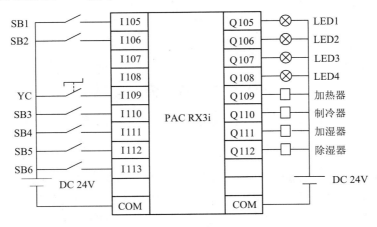

图 19.1　电气接线示意图

19.5　可视化界面设计

可视化界面如图 19.2 所示。

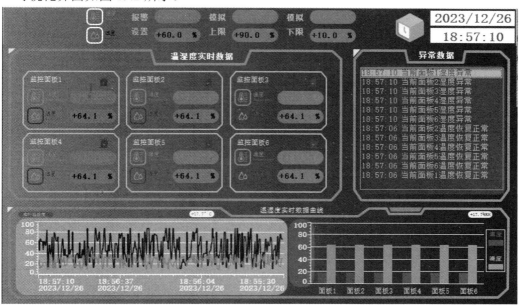

图 19.2　热处理车间温/湿度采集及控制可视化界面

19.6　数据标签添加

数据标签分配参考如表 19.2 所示。

表 19.2　数据标签分配表

标签名	描　述	数据类型	扫描时间/s	I/O 设备	I/O 地址
SB1_1	远程 START 开关	DO	1	GE9	PLC1:I200
SB2_1	远程 STOP 开关	DO	1	GE9	PLC1:I201
YC_1	远程手自动切换开关	DO	1	GE9	PLC1:I202
SB3_1	远程手动启动加热器	DO	1	GE9	PLC1:I203
SB4_1	远程手动启动制冷器	DO	1	GE9	PLC1:I204
SB5_1	远程手动启动加湿器	DO	1	GE9	PLC1:I205
SB6_1	远程手动启动除湿器	DO	1	GE9	PLC1: I206

标签名	描　述	数据类型	扫描时间/s	I/O 设备	I/O 地址
AI1	温度传感器 AI1 采集值	AI	1	GE9	PLC1:AI1325
AI2	湿度传感器 AI2 采集值	AI	1	GE9	PLC1:AI1327
LED1	温度超低限指示灯状态	DI	1	GE9	PLC1:Q105
LED2	温度超高限指示灯状态	DI	1	GE9	PLC1:Q106
LED3	湿度超低限指示灯状态	DI	1	GE9	PLC1:Q107
LED4	湿度超高限指示灯状态	DI	1	GE9	PLC1:Q108
JRQ	加热器工作状态	DI	1	GE9	PLC1:Q109
ZLQ	制冷器工作状态	DI	1	GE9	PLC1:Q110
JSQ	加湿器工作状态	DI	1	GE9	PLC1:Q111
CSQ	除湿器工作状态	DI	1	GE9	PLC1:Q112

19.7　开 发 流 程

开发流程如下：

(1) 按照硬件配置组态，编写 PAC 点表，编辑并检查逻辑程序，保证其正确。

(2) 编译、下载、调试及备份程序。

(3) 置 PLC 于运行状态，按下启动键。

(4) 设计 iFIX 可视化界面，搭建 SCADA 系统，实现控制功能要求。

(5) 配置 iFIX 数据库。

(6) iFIX 运行模式调试程序。

(7) 试验结束后，关闭电源，整理器材。

19.8　开发结果及总结

项目报告应包括以下内容：

(1) 画出硬件配置组态结构。

(2) 编写 PAC 点表。

(3) 提供梯形图程序，配以相应的文字说明。

(4) 进行 iFIX 数据库搭建。

(5) 进行可视化界面设计，配以相应的文字说明。

(6) 提供调试与运行结果。

项 目 20

物料分拣系统控制

本项目介绍物料分拣系统控制。本项目的学习任务包括:

(1) 用 GE PAC 配套软件 PME 写出梯形图程序。

(2) 用 iFIX 软件设计可视化界面。

(3) 调试运行程序实现控制功能。

20.1　工 作 原 理

基于区分材料材质的不同而设计的物料分拣系统如图 20.1 所示。

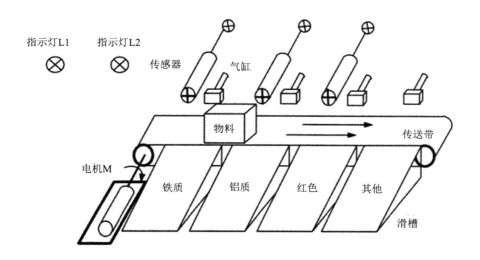

图 20.1　物料分拣系统示意图

本项目设计物料分拣系统主要实现对铁质、铝质和不同颜色材料的自动分拣，具体控制过程为：

(1) 接通电源，按下启动开关 SB1，系统进入启动状态，指示灯 L2(绿灯)亮。

(2) 系统启动后，下料传感器 SQ1(光电传感装置)检测到料槽无材料或各气缸未复位时，传送带须继续运行一个行程 10 s 后自动停机，指示灯 L1(红灯)亮。

(3) 系统启动后，下料传感器 SQ1(光电传感装置)检测到料槽有材料，气缸每隔 2 s 动作一次，动作时间维持 1 s，将待测材料推到传送带上，待测物体开始在传送带上运行，并对其进行计数。

(4) 当传感器检测到铁质材料且其对应的接近开关 SQ2 感应到材料接近时，气缸将待测物体推下，并对其进行计数。

(5) 当电容检测传感器 LB 检测到材料为铝质且其对应的接近开关 SQ3 感应到材料接近时，铝出料气缸动作，将被检测到的材料推下并对其进行计数。

(6) 当颜色检测传感器 LC 检测到材料为红色且其对应的接近开关 SQ4 感应到材料接近时，红色出料气缸动作，将待测物体推下并对其进行计数。

(7) 剩余材料在传送带上继续传送，当最后滑槽对应的接近开关感应到材料接近时，其出料气缸动作，将被检测到的材料推下并对其进行计数。

20.2 I/O 地址分配

I/O 地址分配如表 20.1 所示。

表 20.1 I/O 地址分配表

输 入 点			输 出 点		
名　称	变量名	地址	名　称	变量名	地址
START 开关	SB1	%I105	电机停止指示灯 L1	LED1	%Q105
接近开关	SQ2	%I106	电机运行指示灯 L2	LED2	%Q106
接近开关	SQ3	%I107	气缸 D1	LED3	%Q107
接近开关	SQ4	%I108	气缸 D2	LED4	%Q108
下料传感器	SQ1	%I109	气缸 D3	LED5	%Q109
电感传感器	LA	%I110	气缸 D4	LED6	%Q110
电容传感器	LB	%I111	铁质物料	WL1	%R100
颜色传感器	LC	%I112	铝质物料	WL2	%R101
			红色物料	WL3	%R102
			其他物料	WL4	%R103

20.3　电　气　接　线

电气接线示意如图 20.2 所示。

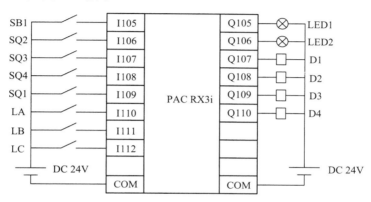

图 20.2　电气接线示意图

20.4　可视化界面设计

可视化界面参考如图 20.3 所示。

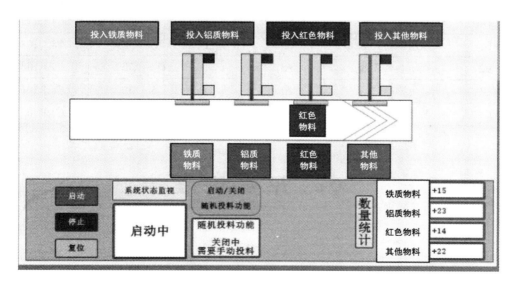

图 20.3　物料分拣系统控制可视化界面参考图

20.5　数据标签添加

数据标签分配如表 20.2 所示。

表 20.2　数据标签分配表

标签名	描　　述	数据类型	扫描时间/s	I/O 设备	I/O 地址
SB1_1	远程 START 开关	DO	1	GE9	PLC1:I200
SQ2	接近开关状态	DI	1	GE9	PLC1:I106
SQ3	接近开关状态	DI	1	GE9	PLC1:I107
SQ4	接近开关状态	DI	1	GE9	PLC1:I108
SQ1	下料传感器状态	DI	1	GE9	PLC1:I109
LA	电感传感器状态	DI	1	GE9	PLC1:I110
LB	电容传感器状态	DI	1	GE9	PLC1: I111
LC	颜色传感器状态	DI	1	GE9	PLC1: I112
LED1	电机停止指示灯 L1 状态	DI	1	GE9	PLC1:Q105
LED2	电机运行指示灯 L2 状态	DI	1	GE9	PLC1:Q106
LED3	气缸 D1 状态	DI	1	GE9	PLC1:Q107
LED4	气缸 D2 状态	DI	1	GE9	PLC1:Q108
LED5	气缸 D3 状态	DI	1	GE9	PLC1:Q109
LED6	气缸 D4 状态	DI	1	GE9	PLC1:Q110
WL1	铁质物料数量	AI	1	GE9	PLC1:Q105
WL2	铝质物料数量	AI	1	GE9	PLC1:R100
WL3	红色物料数量	AI	1	GE9	PLC1:R101
WL4	其他物料数量	AI	1	GE9	PLC1:R102

20.6　开　发　流　程

开发流程如下：

(1) 按照硬件配置组态，编写 PAC 点表，编辑并检查逻辑程序，保证其正确。

(2) 编译、下载、调试及备份程序。

(3) 置 PLC 于运行状态，按下启动键。

(4) 设计 iFIX 可视化界面，搭建 SCADA 系统，实现控制功能要求。

(5) 配置 iFIX 数据库。

(6) iFIX 运行模式调试程序。

(7) 实验结束后，关闭电源，整理器材。

20.7 开发结果及总结

项目报告应包括以下内容：

(1) 画出硬件配置组态结构。

(2) 编写 PAC 点表。

(3) 提供梯形图程序，配以相应的文字说明。

(4) 进行 iFIX 数据库搭建。

(5) 进行可视化界面设计，配以相应的文字说明。

(6) 提供调试与运行结果。

附录 1　项目实践指导

一、项目实践目的

"数据采集与监视控制系统"课程是电气工程及其自动化专业必修的一门重要的专业课。它是先进制造控制技术的应用型课程,具有较强的实践性。项目实践的主要任务是通过设计,使学生熟练掌握智能工厂的数据采集与监视控制系统设计方法,为学习后续课程及从事本专业的工程技术工作打下基础。

二、项目实践要求

通过项目实践,应达到以下要求:

(1) 熟悉数据采集与监控软件应用,能独立设计搭建采集与监控软件系统,学会使用SCADA 数据采集系统的组态软件,建立实时数据库。

(2) 熟练使用控制系统数据采集仪器仪表,熟悉数据采集通信方式,能熟练检测监控系统的关键参数。

(3) 熟悉设计软件的应用,能够进行系统界面的配置,系统趋势配置和系统 Web 配置,验证、分析和预测系统运行性能并针对系统故障作出报警。

(4) 通过项目教学,培养团队组织协作能力,学生应能倾听团队其他成员意见,与团队成员共享信息,团结协作完成任务。

三、项目实践必须遵循的一般原则和程序

(一) SCADA 系统设计遵循的原则

(1) 必须遵守国家的有关法令、标准和规范,执行国家的有关方针、政策,包括节约能源,节约有色金属等技术经济政策。

(2) 应做到保障人身和设备的安全,项目成果功能可靠,技术先进,响应及时,操作简单,维护方便,经济合理。设计实践中应采用符合国家现行有关标准的效率高、能耗低,性能先进的电气产品。

(3) 必须从全局出发,统筹兼顾,按照工艺流程、控制要求等条件,合理确定设计方案。

(4) 应根据工程特点、规模和发展规划,正确处理近期建设与远期发展的关系,做到远、近期结合,以近期为主,适当考虑扩建的可能性。

（二）SCADA 系统设计的程序

数据采集与监视控制系统的设计与开发基本上是由六个步骤组成，即可行性研究、初步设计、详细设计、系统实施、系统测试和系统运行维护。通常这六个步骤并不是完全按照顺序进行的，在任意一个环节出现了问题或发现不足后，都要返回到前面的阶段进行补偿、修改和完善。

接到项目后，首先应认真学习和消化，明确项目的题目、任务和要求，清楚已给了哪些原始数据，尚缺哪些数据和资料。然后应考虑借阅一些有助于项目的图书资料，并草拟一个设计的大致进程安排。在设计过程中，要充分发挥自己的主观能动性，独立设计，也需要很好地与指导教师配合，争取指导教师的指导，少走弯路。特别是设计方案的确定，一定要征求指导教师的意见，以免出现原则性错误。

四、项目实践依据

(1) 国家和行业设计规范和标准。

(2) 建设单位提供的设计任务书、设计要求等。

(3) 建设单位提供的关于工艺流程、控制要求等资料。

(4) 设计期间，建设单位提供的有关设计资料、图纸、电子文件、设计会谈备忘录等。

(5) 主要制图标准。

五、项目实践内容

项目实践范围：SCADA 系统总体设计方案和上位机系统软件设计与开发，具体内容包括：

（一）SCADA 系统需求分析与总体设计

(1) 生产过程的工艺流程、特点。

(2) 主要的检测点与控制点及它们的分布情况。

(3) 明确控制对象所需要实现的动作与功能。

(4) 用户的使用和操作要求。

(5) 用户的投资概算。

(6) 确定控制方案。

（二）SCADA 系统类型确定与设备选型

(1) 确定系统类型。

(2) 设备选型：下位机、上位机、网络、仪表与执行器、机柜与操作台。

（三）SCADA 系统应用程序开发

(1) 上位机程序开发。

(2) 下位机程序开发。

(3) 通信程序。

(四) SCADA 系统调试与运行

(1) 硬件调试。

(2) 软件调试。

六、项目实践成果

(1) PME 程序备份文件(.zip)。

(2) iFIX 组态备份文件(.fbk)。

(3) 项目实践报告(.doc)。

附录 2　项目实践报告

项目名称：

题　　目：

院　　(系)：

专　　业：

学　　号：

姓　　名：

起止日期：

指导教师：

填写日期：　　　年　　月　　日

项目名称	

(根据项目背景、控制要求和工作流程，完成 SCADA 系统总体方案设计，并采用 PME 完成下位机程序开发和 iFIX 软件完成上位机程序开发)

【项目背景】

(简述项目背景)

【SCADA 系统需求分析与总体设计】

(应包含以下内容：(1) 生产过程的工艺流程、特点；(2) 主要的检测点与控制点及它们的分布情况；(3) 明确控制对象所需要实现的动作与功能；(4) 用户的使用和操作要求；(5) 用户的投资概算；(6) 控制方案。)

【SCADA 系统类型确定与设备选型】

(应包含以下内容：(1) 确定系统类型；(2) 设备选型：下位机、上位机、网络、仪表与执行器、机柜与操作台。)

【PME 梯形图设计】
(完成对系统的输入输出端口配置，给出满足系统功能的梯形图)
一、输入输出端口配置(I/O 点表)

二、梯形图

【iFIX 上位机组态软件设计】

(完成对系统的可视化界面设计，运用 iFIX 构建出系统的可视化界面，并配置相应的数据库，实现数据采集与监控。具体包括：可视化界面设计图、使用说明和 VB 编辑脚本)

一、数据库标签

二、GE9 驱动配置

三、登录界面

1. 可视化界面

2. 使用说明

3. VB 编辑脚本

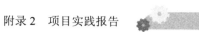

四、主控界面(动画设置不少于 3 种；命令工具使用不少于 3 处)

1. 可视化界面

2. 使用说明

3. VB 编辑脚本

五、报警或调度界面

1. 可视化界面

2. 使用说明

3. VB 编辑脚本

六、实时数据库应用

1. 可视化界面

2. 使用说明

3. VB 编辑脚本

【总结与体会】

(主要对本次项目实践过程进行归纳和总结，在设计过程中所遇到的技术难点及解决方法。还应包括本次项目实践尚存在的问题，以及进一步开发的见解与建议，并写出本次项目实践的收获和体会)

评语：

评阅教师签名：

年　　月　　日

成绩	